航空发动机基础与教学丛书

谱方法基本原理及其在热辐射中的应用

孙亚松　李本文　马　菁　周瑞睿　著

科学出版社

北　京

内 容 简 介

随着航空发动机涡轮进口温度的不断提升，高温热辐射对航空发动机热管理的影响越来越显著。本书系统地记录、整理、归纳和总结了作者十余年来在高温热辐射分析方面的研究工作，重点论述了一类分析热辐射问题的方法——谱方法的基本原理，并详细介绍了利用该方法研究直角坐标系和圆柱坐标系内半透明介质，以及非均匀介质内热辐射及辐射和导热耦合传热的特性和规律。

本书可供从事航空宇航科学与技术、动力工程及工程热物理学科的科研人员及工程设计人员参考，也可作为相关专业的教师、研究生和本科生的参考书。

图书在版编目(CIP)数据

谱方法基本原理及其在热辐射中的应用 / 孙亚松等著. —北京：科学出版社，2022. 7
(航空发动机基础与教学丛书)
ISBN 978-7-03-072638-4

Ⅰ. ①谱… Ⅱ. ①孙… Ⅲ. ①谱分析(数学)—应用—热辐射 Ⅳ. ①O414. 1

中国版本图书馆 CIP 数据核字(2022)第 110319 号

责任编辑：胡文治 / 责任校对：谭宏宇
责任印制：黄晓鸣 / 封面设计：殷 靓

科学出版社 出版
北京东黄城根北街 16 号
邮政编码：100717
http：//www. sciencep. com
南京展望文化发展有限公司排版
广东虎彩云印刷有限公司印刷
科学出版社发行 各地新华书店经销

*

2022 年 7 月第 一 版 开本：B5(720×1000)
2025 年 1 月第五次印刷 印张：11 1/4
字数：181 000

定价：100. 00 元

(如有印装质量问题，我社负责调换)

航空发动机基础与教学丛书

编写委员会

名誉主任

尹泽勇

主 任

王占学

副主任

严 红 缑林峰 刘存良

委 员

（以姓氏笔画为序）

王丁喜 王占学 王治武 乔渭阳 刘存良
刘振侠 严 红 杨青真 肖 洪 陈玉春
范 玮 周 莉 高丽敏 郭迎清 缑林峰

丛书序

航空发动机是"飞机的心脏"，被誉为现代工业"皇冠上的明珠"。航空发动机技术涉及现代科技和工程的许多专业领域，集流体力学、固体力学、热力学、燃烧学、材料学、控制理论、电子技术、计算机技术等学科最新成果的应用为一体，对促进一国装备制造业发展和提升综合国力起着引领作用。

喷气式航空发动机诞生以来的80多年时间里，航空发动机技术经历了多次更新换代，航空发动机的技术指标实现了很大幅度的提高。随着航空发动机各种参数趋于当前所掌握技术的能力极限，为满足推力或功率更大、体积更小、质量更轻、寿命更长、排放更低、经济性更好等诸多严酷的要求，对现代航空发动机发展所需的基础理论及新兴技术又提出了更高的要求。

目前，航空发动机技术正在从传统的依赖经验较多、试后修改较多、学科分离较明显向仿真试验互补、多学科综合优化、智能化引领"三化融合"的方向转变，我们应当敢于面对由此带来的挑战，充分利用这一创新超越的机遇。航空发动机领域的学生、工程师及研究人员都必须具备更坚实的理论基础，并将其与航空发动机的工程实践紧密结合。

西北工业大学动力与能源学院设有"航空宇航科学与技术"（一级学科）和"航空宇航推进理论与工程"（二级学科）国家级重点学科，长期致力于我国航空发动机专业人才培养工作，以及航空发动机基础理论和工程技术的研究工作。这些年来，通过国家自然科学基金重点项目、国家重大研究计划项目和国家航空发动机领域重大专项等相关基础研究计划支持，并与国内外研究机构开展深入广泛合作研究，在航空发动机的基础理论和工程技术等方面取得了一系列重要研究成果。

正是在这种背景下，学院整合师资力量、凝练航空发动机教学经验和科学研究成果，组织编写了这套"航空发动机基础与教学丛书"。丛书的组织和撰写是一项具有挑战性的系统工程，需要创新和传承的辩证统一，研究与教学的有机结合，发展趋势同科研进展的协调论述。按此原则，该丛书围绕现代高性能航空发动机所涉及的空气动力学、固体力学、热力学、传热学、燃烧学、控制理论等诸多学科，系统介绍航空发动机基础理论、专业知识和前沿技术，以期更好地服务于航空发动机领域的关键技术攻关和创新超越。

丛书包括专著和教材两部分，前者主要面向航空发动机领域的科技工作者，后者则面向研究生和本科生，将两者结合在一个系列中，既是对航空发动机科研成果的及时总结，也是面向新工科建设的迫切需要。

丛书主事者嘱我作序，西北工业大学是我的母校，敢不从命。希望这套丛书的出版，能为推动我国航空发动机基础研究提供助力，为实现我国航空发动机领域的创新超越贡献力量。

2020年7月

前 言

热辐射涉及的应用领域十分广泛,且不局限于高温范畴。总体上,辐射能的用途可以大致分为三类: 加热、制冷和测量。最直接的有各类工业炉窑和燃烧设备中的辐射加热、太阳辐射能的利用、太空设备的辐射降温等。此外,还有工业上常用的红外测温、红外成像和红外无损检测技术,军事上的红外夜视、红外侦查、红外制导和红外对抗技术,生物医学中采用的光学成像诊断技术、生物组织激光焊接技术和肿瘤激光治疗技术,以及新兴的可再生能源利用和建筑无源制冷系统中的被动辐射冷却技术等。对于这些应用而言,准确地获取辐射信息十分重要。以常压燃烧系统为例,忽略辐射可能会导致温度高估 200 K,即便考虑辐射但过度简化模型也会导致较大误差,如简单采用光学薄介质模型或灰介质模型可能会导致温度低估 100 K 甚至更多。

除了工程应用,热辐射在自然系统中同样非常重要。热辐射使得我们可以以热或者光的形式感知周围的事物,是日常生活中最为常见的一种能量传递现象。准确地分析辐射传热有助于理解和维护自然系统的正常运转。例如,为地球上生物提供物质、能量和氧气来源的光合作用是太阳辐射的直接结果。而且,太阳辐射为大气运动和水循环提供能量,决定了地球上的气候。大气层白天对太阳辐射的减弱和晚上对地球辐射的吸收稳定了地球表面温度,为生命提供了适宜的环境,大气层成分的微小变化可能会引起地球辐射平衡的剧烈变化。

在上述提到的应用和研究中,除非在真空环境下,否则或多或少均需要考虑介质对辐射传播过程的参与。介质除了本身会发射辐射能,同时还会吸收以及散射部分辐射能,该过程可由一个微积分形式的辐射传递方程(radiation transfer equation, RTE)描述。真空中的辐射传热表现为表面现象,而参与性介质中的辐射传输表现为体积现象。对于三维空间内的辐射传热,辐射强度除了依赖于时间维度和三个空间维度,还依赖于传播方向(即角向,可由周向角和极角两个变量描述)。此外,辐射强度也是一个光谱量,在任意温度下的辐射都包含大范围的波长。与导热和对流相比,辐射多了三个维度,这使得分析十分困难。在辐射与导热或对流的耦合问题中,获取辐射场信息所花费的时间要远高于温度场和流场。因此,如何快速而又准确地获取辐射信息始终是辐射传热研究中的一个重要课题。

随着能源、航空航天和信息等现代高新技术的迅猛发展,对参与性介质内辐射换热的数值研究要求也越来越高。发展一种既能方便、经济地处理各向异性散射介质和复杂边界条件,又能灵活地处理多维复杂几何形状,并且具有高精度和高效率的数值方法用于求解参与性介质内辐射换热以及辐射与其他换热方式的耦合换热,几十年来一直是计算热辐射学中的研究热点。配置点谱方法(CSM)是一种将整个计算区域离散成若干个配置点,并对任意位置上的未知量通过所有配置点上的值进行全局插值近似的数值方法。它具有实施过程简单、计算精度高、收敛速率快、无耗散和色散误差、能适应变系数、不光滑、不连续问题的求解等优点。根据辐射传递方程和能量守恒方程的数值特性,详细推导了 CSM 将辐射传递方程和能量守恒方程离散成矩阵方程的过程。对于多维辐射及其耦合换热问题,根据其一阶和二阶导数系数矩阵的不同数值特性,在对流占优的某一离散方向上辐射传递方程的矩阵形式采用二维或三维 Schur 分解进行直接求解;对于扩散占优的能量守恒方程的矩阵形式采用二步求解法进行直接求解。用 CSM 处理介质内多维直角坐标系下辐射换热、辐射与导热耦合换热问题,不但验证了 CSM 在处理各种辐射换热问题时的准确性和有效性,还分析了 CSM 的高阶精度和指数收敛特性。

本书将结合介质内辐射传递方程和能量方程的数值特点,充分利用 CSM 的直接求解特性,发展并研究了基于谱方法的直角坐标系下高温介质热辐射分析、基于谱方法的圆柱坐标系下辐射传递方程数值精度的影响因素和不同数值方案的性能分析、基于间断谱元法的非均匀介质内高温热辐射分析。

本书由孙亚松、李本文、马菁和周瑞睿共同撰写。具体撰写分工如下:第 1 章、第 3 章由孙亚松撰写,第 2 章和第 4 章由周瑞睿撰写,第 5 章由马菁撰写,全书由李本文统稿、修改完善。在本书撰写过程中,刘长号、刘可心、白瑞槐、刘云、王楠、刘炜、赵毅、张德瑞等研究生参与了本书的修订工作,特表示感谢。

本书获得了西北工业大学研究生精品教材专著项目计划的资助,得到了西北工业大学动力与能源学院的领导和同事的支持与帮助,以及科学出版社的大力支持,在此深表感谢!

孙亚松

2021年12月于西北工业大学

目　录

第3章 基于谱方法的直角坐标系下高温介质热辐射分析

第4章 基于谱方法的圆柱坐标系下高温介质热辐射分析

第5章 基于间断谱元法的非均匀介质内高温热辐射分析

第1章
谱方法的基本原理

在参与性介质内热辐射传递的理论研究和工程应用中，描述辐射能传输过程的基本控制方程为辐射传输方程。对于这一复杂的高维变量微积分方程，一般很难获得理论解，多数情况下，只能通过数值计算的途径获得近似解。经过近百年的发展，目前已经涌现出许多求解辐射换热的计算方法，它们各具特点，适合不同的对象。谱方法是一种求解偏微分方程的常用数值方法，最早源于经典的 Ritz - Galerkin 法，它是以整体无限光滑的函数系(如三角多项式、Chebyshev 多项式、Fourier 多项式和 Legendre 多项式等)作为基底的 Galerkin 方法和配置法，以正交函数或固有函数为近似函数的计算方法[1]。谱方法的主要优点是高精度，这使得该方法能够与有限差分法(FDM)、有限元法(FEM)一起成为偏微分方程的主要数值方法之一。

1.1 谱方法的基本概念

1.1.1 谱方法的基函数

与传统的有限元法和有限体积法(FVM)相同，谱方法也是一种加权余量法。其采用截断级数展开进行近似，并令余量在某种意义上为零。例如，对函数 $u(\alpha)$ 作截断级数展开：

$$u(\alpha) \cong u_N(\alpha) = \sum_{k=0}^{N} \hat{a}_k \phi_k(\alpha) \tag{1-1}$$

式中，$\phi_k(\alpha)$ 为基函数；$\hat{a}_k$ 为与基函数 $\phi_k(\alpha)$ 对应的展开系数。余量即为

$$\hat{R}_N(\alpha) = u(\alpha) - u_N(\alpha) \tag{1-2}$$

基函数的选择是谱方法有别于有限元和有限体积的一个主要特征。谱方法采用全局的光滑函数作为基函数,而在后两种方法中,基函数仅具有有限规律的局部性质。

在谱方法中,基函数有多种选择,例如:$\phi_k(\alpha)$ 取为三角函数 $e^{ik\alpha}$[$i^2 = \sqrt{-1}$, $e^{ik\alpha} = \cos(k\alpha) + i\sin(k\alpha)$],可以得到 Fourier 谱方法;$\phi_k(\alpha)$ 取为 Chebyshev 多项式 $T_k(\alpha)$,可以得到 Chebyshev 谱方法;$\phi_k(\alpha)$ 取为 Legendre 多项式 $L_k(\alpha)$,可以得到 Legendre 谱方法。Fourier 谱方法常用于研究周期性问题,而 Chebyshev 谱方法和 Legendre 谱方法常用于研究非周期问题。当 Fourier 谱方法用于非周期性问题时,会导致振荡的结果。这是由于 Fourier 谱方法的基函数是周期性的,而非周期性问题在拓展为周期性问题时边界处是不连续的。这种由不连续导致的振荡称为 Gibbs 现象[2,3]。Legendre 谱方法和 Chebyshev 谱方法在处理不连续问题时也会导致 Gibbs 现象。相较于 Legendre 谱方法,Chebyshev 谱方法的潜在优势是可以采用快速 Fourier 变换计算离散 Chebyshev 变换,将计算量由 $O(N^2)$ 降为 $O(N\log_2 N)$。另外,Chebyshev 谱方法相关公式的计算要比 Legendre 谱方法简单。因此,本书只讨论 Fourier 谱方法和 Chebyshev 谱方法。

1.1.2 谱方法的展开系数

用来确定展开系数的方法主要有三种:Galerkin 方法、配置点谱方法[也称伪谱方法(pseudospectral method)]和 Tau 方法。

在 Galerkin 方法中,余量与基函数的内积为零,即[4]

$$(\hat{R}_N, \phi_j)_{\dot{w}} = \int\left(u - \sum_{k=0}^{N}\hat{a}_k\phi_k\right)\phi_j\dot{w}\,\mathrm{d}\alpha = 0, \quad j = 0, \cdots, N \tag{1-3}$$

式中,$\dot{w}$ 为权函数。由基函数的正交性质可以得到展开系数表达式:

$$\hat{a}_k = \frac{1}{\chi_k}\int u\phi_k\dot{w}\,\mathrm{d}\alpha, \quad k = 0, \cdots, N \tag{1-4}$$

式中,χ_k 为常数:

$$\chi_k = (\phi_k, \phi_k)_{\dot{w}} \tag{1-5}$$

Tau 方法与 Galerkin 方法类似,两者主要区别为:Galerkin 方法的基函数满足边界条件,而 Tau 方法的基函数不单独满足。

在配置点谱方法中,余量在选取的配置点 α_j 上等于零,即[3, 5]

$$u(\alpha_j) = \sum_{k=0}^{N} \hat{a}_k \phi_k(\alpha_j), \quad j = 0, \cdots, N \tag{1-6}$$

定义离散内积为

$$\langle u, v \rangle_{N, \dot{w}} = \sum_{k=0}^{N} u(\alpha_k) v(\alpha_k) \dot{w}_k \tag{1-7}$$

类似式(1-4),可以得

$$\hat{a}_k = \frac{1}{\chi_k} \sum_{j=0}^{N} u(\alpha_j) \phi_k(\alpha_j) \dot{w}_j, \quad k = 0, \cdots, N \tag{1-8}$$

式中,

$$\chi_k = \sum_{j=0}^{N} \phi_k^2(\alpha_j) \dot{w}_j \tag{1-9}$$

与 Galerkin 方法及 Tau 方法相比,配置点谱方法的优势在于更容易处理变物性参数和非线性问题[6,7],并且计算量通常只有另外两种方法的一半[8]。因此在本书中仅讨论配置点谱方法。

1.2　配置点谱方法

1.2.1　Fourier 配置点谱方法

Fourier 配置点为均匀分布,考虑标准 Fourier 区间[0, 2π],则其节点为

$$\alpha_j = \frac{2\pi j}{N}, \quad j = 0, \cdots, N \tag{1-10}$$

事实上,对于周期性问题有

$$u(\alpha_0) = u(\alpha_N) \tag{1-11}$$

并且

$$e^{ik\alpha} = e^{i(N+k)\alpha} \tag{1-12}$$

因此,式(1-6)可改写为

$$u(\alpha_j) = \sum_{k=0}^{N-1} \hat{a}_k e^{ik\alpha_j}, \quad j = 0, \cdots, N-1 \tag{1-13}$$

同样

$$u_N(\alpha) = \sum_{k=0}^{N-1} \hat{a}_k e^{ik\alpha} \tag{1-14}$$

对于 Fourier 配置点谱方法,其基函数 $e^{ik\alpha}$ 为复数。将式(1-7)具体定义为

$$\langle u, v \rangle_{N, \dot{w}} = \frac{1}{N} \sum_{k=0}^{N-1} u(\alpha_k) \bar{v}(\alpha_k) \tag{1-15}$$

式中,$\bar{v}$ 为 v 的共轭复数。则

$$\langle e^{ik\alpha}, e^{im\alpha} \rangle_{N, \dot{w}} = \frac{1}{N} \sum_{k=0}^{N-1} e^{i(k-m)\alpha_j} = \begin{cases} 1, & k - m = lN \\ 0, & \text{其他} \end{cases} \tag{1-16}$$

式中,l 为任意整数。

据此可以得

$$\hat{a}_k = \frac{1}{N} \sum_{j=0}^{N-1} u(\alpha_j) e^{-ik\alpha_j}, \quad k = 0, \cdots, N-1 \tag{1-17}$$

1. 积分公式

对式(1-14)积分,可得

$$\int_0^{2\pi} u_N(\alpha) d\alpha = \frac{1}{N} \sum_{j=0}^{N-1} u(\alpha_j) \int_0^{2\pi} \sum_{k=0}^{N-1} e^{ik(\alpha-\alpha_j)} d\alpha \tag{1-18}$$

根据 Dirichlet 核(Dirichlet kernel)的定义:

$$\sum_{k=-N}^{N} e^{ik\alpha} = 1 + 2\sum_{k=1}^{N} \cos(k\alpha) = \sin\left[\left(N + \frac{1}{2}\right)\alpha\right] \csc\frac{\alpha}{2} \tag{1-19}$$

当 N 为偶数时,有

$$\begin{aligned} \sum_{k=0}^{N-1} e^{ik(\alpha-\alpha_j)} &= \sum_{k=-N/2}^{N/2-1} e^{ik(\alpha-\alpha_j)} \\ &= \cos\frac{N}{2}(\alpha - \alpha_j) + \sin\frac{(N-1)(\alpha-\alpha_j)}{2} \csc\frac{\alpha-\alpha_j}{2} \\ &= \sin\frac{N(\alpha-\alpha_j)}{2} \cot\frac{\alpha-\alpha_j}{2} \end{aligned} \tag{1-20}$$

当 N 为奇数时,有

$$\sum_{k=0}^{N-1} e^{ik(\alpha-\alpha_j)} = \sum_{k=-(N-1)/2}^{(N-1)/2} e^{ik(\alpha-\alpha_j)} = \sin\frac{N(\alpha-\alpha_j)}{2}\csc\frac{\alpha-\alpha_j}{2} \tag{1-21}$$

对式(1-20)积分,可得递推关系式:

$$\begin{aligned}
&\int_0^{2\pi}\sin\frac{N(\alpha-\alpha_j)}{2}\cot\frac{\alpha-\alpha_j}{2}d\alpha \\
&= 2\int_{\alpha_j}^{\pi+\alpha_j}\frac{\sin(N\alpha)\cos\alpha}{\sin\alpha}d\alpha \\
&= 2\int_{\alpha_j}^{\pi+\alpha_j}\frac{\sin(N\alpha)\cos\alpha-\cos(N\alpha)\sin\alpha}{\sin\alpha}d\alpha \\
&= 2\int_{\alpha_j}^{\pi+\alpha_j}\frac{\sin[(N-1)\alpha]}{\sin\alpha}d\alpha \\
&= 2\int_{\alpha_j}^{\pi+\alpha_j}\frac{\sin[(N-2)\alpha]\cos\alpha+\cos[(N-2)\alpha]\sin\alpha}{\sin\alpha}d\alpha \\
&= \begin{cases} 2\int_{\alpha_j}^{\pi+\alpha_j}\frac{\sin[(N-2)\alpha]\cos\alpha}{\sin\alpha}d\alpha, & N\text{ 为偶数且 }N\neq 2 \\ 2\pi, & N=2 \end{cases}
\end{aligned} \tag{1-22}$$

因此

$$\int_0^{2\pi}\sin\frac{N(\alpha-\alpha_j)}{2}\cot\frac{\alpha-\alpha_j}{2}d\alpha = 2\pi,\quad N\text{ 为偶数} \tag{1-23}$$

类似地,对式(1-21)积分,可得

$$\int_0^{2\pi}\sin\frac{N(\alpha-\alpha_j)}{2}\csc\frac{\alpha-\alpha_j}{2}d\alpha = 2\int_{\alpha_j}^{\pi+\alpha_j}\frac{\sin(N\alpha)}{\sin\alpha}d\alpha,\quad N\text{ 为奇数} \tag{1-24}$$

则由式(1-22)的结果,同样可得

$$\int_0^{2\pi}\sin\frac{N(\alpha-\alpha_j)}{2}\csc\frac{\alpha-\alpha_j}{2}d\alpha = 2\pi,\quad N\text{ 为奇数} \tag{1-25}$$

综合式(1-23)和式(1-25),基于 Fourier 配置点的积分公式为

$$\int_0^{2\pi} u_N(\alpha)\,\mathrm{d}\alpha = \frac{2\pi}{N}\sum_{j=0}^{N-1} u(\alpha_j) \tag{1-26}$$

2. 插值公式与微分公式

根据对积分公式的推导，易得 Fourier 配置点谱方法的插值公式为

$$u_N(\alpha) = \sum_{j=0}^{N-1} u(\alpha_j) h_j(\alpha) \tag{1-27}$$

式中，插值三角函数为

$$h_j(\alpha) = \begin{cases} \dfrac{1}{N}\sin\dfrac{N(\alpha-\alpha_j)}{2}\cot\dfrac{\alpha-\alpha_j}{2}, & N\text{ 为偶数；}\alpha\neq\alpha_j \\ \dfrac{1}{N}\sin\dfrac{N(\alpha-\alpha_j)}{2}\csc\dfrac{\alpha-\alpha_j}{2}, & N\text{ 为奇数；}\alpha\neq\alpha_j \\ 1, & \alpha=\alpha_j \end{cases} \tag{1-28}$$

对式(1－27)求 m 阶导可得

$$u_N^{(m)}(\alpha) = \sum_{j=0}^{N-1} u(\alpha_j) h_j^{(m)}(\alpha) \tag{1-29}$$

在节点上的微分系数记作 $D_{kj}^{(m)} = h_j^{(m)}(\alpha_k)$，$D_{kj} = h_j'(\alpha_k)$，则节点上的微分可以写作矩阵形式：

$$\boldsymbol{u}_N^{(m)} = \boldsymbol{D}^{(m)}\boldsymbol{u}_N \tag{1-30}$$

若 N 为偶数，则

$$h_j'(\alpha) = \frac{1}{2}\cos\frac{N(\alpha-\alpha_j)}{2}\cot\frac{\alpha-\alpha_j}{2} - \frac{1}{2N}\sin\frac{N(\alpha-\alpha_j)}{2}\csc^2\frac{\alpha-\alpha_j}{2}, \quad \alpha\neq a_j \tag{1-31a}$$

$$\begin{aligned} h_j'(\alpha_j) &= \lim_{\alpha\to 0}\frac{\dfrac{1}{4}\cos(N\alpha)\sin(2\alpha) - \dfrac{1}{2N}\sin(N\alpha)}{\sin^2\alpha} \\ &= \lim_{\alpha\to 0}\frac{\dfrac{1}{4}[1-O(\alpha^2)][2\alpha-O(\alpha^3)] - \dfrac{1}{2N}[N\alpha-O(\alpha^3)]}{[\alpha-O(\alpha^3)]^2} \end{aligned}$$

$$
= \lim_{\alpha \to 0} \frac{O(\alpha^3)}{O(\alpha^2)}
$$

$$
= 0 \tag{1-31b}
$$

节点上的一阶微分系数为

$$
D_{kj} = \begin{cases} \dfrac{(-1)^{k-j}}{2} \cot \dfrac{(k-j)\pi}{N}, & k \neq j \\ 0, & k = j \end{cases} \tag{1-32}
$$

类似地,可以求得二阶导的插值三角函数:

$$
h_j''(\alpha) = -\frac{N}{4} \sin \frac{N(\alpha - \alpha_j)}{2} \cot \frac{\alpha - \alpha_j}{2} - \frac{1}{2} \cos \frac{N(\alpha - \alpha_j)}{2} \csc^2 \frac{\alpha - \alpha_j}{2}
$$

$$
+ \frac{1}{2N} \sin \frac{N(\alpha - \alpha_j)}{2} \csc^2 \frac{\alpha - \alpha_j}{2} \cot \frac{\alpha - \alpha_j}{2}, \quad \alpha \neq a_j \tag{1-33a}
$$

$$
h_j''(\alpha_j) = \lim_{\alpha \to 0} \frac{-\dfrac{N}{4}\sin(N\alpha)\cos\alpha \sin^2\alpha - \dfrac{1}{2}\cos(N\alpha)\sin\alpha + \dfrac{1}{2N}\sin(N\alpha)\cos\alpha}{\sin^3\alpha}
$$

$$
= \lim_{\alpha \to 0} \frac{-\dfrac{N}{4}\left[N\alpha - \dfrac{N^3\alpha^3}{6} + O(\alpha^5)\right]\left[1 - \dfrac{\alpha^2}{2} + O(\alpha^4)\right]\left[\alpha - \dfrac{\alpha^3}{6} + O(\alpha^5)\right]^2}{[\alpha - O(\alpha^3)]^3}
$$

$$
+ \lim_{\alpha \to 0} \frac{-\dfrac{1}{2}\left[1 - \dfrac{N^2\alpha^2}{2} + O(\alpha^4)\right]\left[\alpha - \dfrac{\alpha^3}{6} + O(\alpha^5)\right]}{[\alpha - O(\alpha^3)]^3}
$$

$$
+ \lim_{\alpha \to 0} \frac{\dfrac{1}{2N}\left[N\alpha - \dfrac{N^3\alpha^3}{6} + O(\alpha^5)\right]\left[1 - \dfrac{\alpha^2}{2} + O(\alpha^4)\right]}{[\alpha - O(\alpha^3)]^3}
$$

$$
= \lim_{\alpha \to 0} \frac{-\dfrac{\alpha^3}{6} - \dfrac{N^2\alpha^3}{12} + O(\alpha^5)}{\alpha^3 + O(\alpha^5)}
$$

$$
= -\frac{1}{6} - \frac{N^2}{12} \tag{1-33b}
$$

节点上的二阶微分系数为

$$D_{kj}^{(2)} = \begin{cases} -\dfrac{(-1)^{k-j}}{2}\csc^2\dfrac{(k-j)\pi}{N}, & k \neq j \\ -\dfrac{1}{6}-\dfrac{N^2}{12}, & k = j \end{cases} \tag{1-34}$$

若 N 为奇数,则一阶导的插值三角函数:

$$\begin{aligned} h_j'(\alpha) = & \frac{1}{2}\cos\frac{N(\alpha-\alpha_j)}{2}\csc\frac{\alpha-\alpha_j}{2} \\ & -\frac{1}{2N}\sin\frac{N(\alpha-\alpha_j)}{2}\csc\frac{\alpha-\alpha_j}{2}\cot\frac{\alpha-\alpha_j}{2}, \quad \alpha \neq a_j \end{aligned} \tag{1-35a}$$

$$\begin{aligned} h_j'(\alpha_j) & = \lim_{\alpha\to 0}\frac{\dfrac{1}{2}\cos(N\alpha)\sin\alpha-\dfrac{1}{2N}\sin(N\alpha)\cos\alpha}{\sin^2\alpha} \\ & = \lim_{\alpha\to 0}\frac{\dfrac{1}{2}[1-O(\alpha^2)][\alpha-O(\alpha^3)]-\dfrac{1}{2N}[N\alpha-O(\alpha^3)][1-O(\alpha^2)]}{[\alpha-O(\alpha^3)]^2} \\ & = \lim_{\alpha\to 0}\frac{O(\alpha^3)}{O(\alpha^2)} \\ & = 0 \end{aligned} \tag{1-35b}$$

节点上的一阶微分系数为

$$D_{kj} = \begin{cases} \dfrac{(-1)^{k-j}}{2}\csc\dfrac{(k-j)\pi}{N}, & k \neq j \\ 0, & k = j \end{cases} \tag{1-36}$$

二阶导的插值三角函数:

$$h_j''(\alpha) = -\frac{N}{4}\sin\frac{N(\alpha-\alpha_j)}{2}\csc\frac{\alpha-\alpha_j}{2}-\frac{1}{2}\cos\frac{N(\alpha-\alpha_j)}{2}\cot\frac{\alpha-\alpha_j}{2}\csc\frac{\alpha-\alpha_j}{2}$$

$$+\frac{1}{4N}\sin\frac{N(\alpha-\alpha_j)}{2}\csc\frac{\alpha-\alpha_j}{2}\cot^2\frac{\alpha-\alpha_j}{2}$$

$$+\frac{1}{4N}\sin\frac{N(\alpha-\alpha_j)}{2}\csc^3\frac{\alpha-\alpha_j}{2},\ \alpha\neq a_j \tag{1-37a}$$

$$\begin{aligned}
h_j''(\alpha_j)&=\lim_{\alpha\to 0}\frac{-\frac{N}{4}\sin(N\alpha)\sin^2\alpha-\frac{1}{4}\cos(N\alpha)\sin 2\alpha+\frac{1}{4N}\sin(N\alpha)(\cos^2\alpha+1)}{\sin^3\alpha}\\
&=\lim_{\alpha\to 0}\frac{-\frac{N}{4}\left[N\alpha-\frac{N^3\alpha^3}{6}+O(\alpha^5)\right]\left[\alpha-\frac{\alpha^3}{6}+O(\alpha^5)\right]^2}{[\alpha-O(\alpha^3)]^3}\\
&+\lim_{\alpha\to 0}\frac{-\frac{1}{4}\left[1-\frac{N^2\alpha^2}{2}+O(\alpha^4)\right]\left[2\alpha-\frac{8\alpha^3}{6}+O(\alpha^5)\right]}{[\alpha-O(\alpha^3)]^3}\\
&+\lim_{\alpha\to 0}\frac{\frac{1}{4N}\left[N\alpha-\frac{N^3\alpha^3}{6}+O(\alpha^5)\right]\left\{\left[1-\frac{\alpha^2}{2}+O(\alpha^4)\right]^2+1\right\}}{[\alpha-O(\alpha^3)]^3}\\
&=\lim_{\alpha\to 0}\frac{\frac{\alpha^3}{12}-\frac{N^2\alpha^3}{12}+O(\alpha^5)}{\alpha^3+O(\alpha^5)}\\
&=\frac{1}{12}-\frac{N^2}{12}
\end{aligned} \tag{1-37b}$$

节点上的二阶微分系数为

$$D_{kj}^{(2)}=\begin{cases}-\dfrac{(-1)^{k-j}}{2}\cot\dfrac{(k-j)\pi}{N}\csc\dfrac{(k-j)\pi}{N}, & k\neq j\\ \dfrac{1}{12}-\dfrac{N^2}{12}, & k=j\end{cases} \tag{1-38}$$

需要注意,当 N 为奇数时,对于 Fourier 配置点谱方法:

$$\boldsymbol{D}^{(m)}=\boldsymbol{D}^m \tag{1-39}$$

当 N 为偶数时，该式仅在 m 为奇数时成立[9]。

由于施加快速 Fourier 变换需要取 N 为偶数，因此大部分与谱方法相关的书籍[3-6,10]仅给出对应的 N 为偶数时的微分矩阵表达式，只有少数书籍[4,9]会同时提及 N 为奇数时的结果。另外，将本章推导的结果与文献中的结果进行对比，可以发现文献[3－5]中给出的 N 为偶数时的二阶微分矩阵表达式有误，而文献[9]中给出的 N 为奇数时的二阶微分矩阵表达式有误。

1.2.2 Chebyshev 配置点谱方法

事实上，有 Gauss－Chebyshev 型求积公式[5]：

$$\int_{-1}^{1} \frac{u(\alpha)}{\sqrt{1-\alpha^2}} \mathrm{d}\alpha \cong \sum_{j=0}^{N} u(\alpha_j) w_j \tag{1-40}$$

式中，积分节点 α_j 有三种，即 Chebyshev Gauss－Lobatto(CGL)节点、Chebyshev Gauss－Radau(CGR)节点和 Chebyshev Gauss(CG)节点。三种节点和对应的积分权值分别为

$$\alpha_j^{\mathrm{CGL}} = \cos\frac{\pi j}{N}, \quad w_j^{\mathrm{CGL}} = \begin{cases} \dfrac{\pi}{2N}, & j=0,\ N \\ \dfrac{\pi}{N}, & j=1,\ 2,\ \cdots,\ N-1 \end{cases} \tag{1-41a}$$

$$\alpha_j^{\mathrm{CGR}} = \cos\frac{2\pi j}{2N+1}, \quad w_j^{\mathrm{CGR}} = \begin{cases} \dfrac{\pi}{2N+1}, & j=0 \\ \dfrac{2\pi}{2N+1}, & j=1,\ 2,\ \cdots,\ N \end{cases} \tag{1-41b}$$

$$\alpha_j^{\mathrm{CG}} = \cos\frac{(2j+1)\pi}{2N+2}, \quad w_j^{\mathrm{CG}} = \frac{\pi}{N+1}, \quad j=0,\ 1,\ \cdots,\ N \tag{1-41c}$$

若 $u(\alpha)$ 为不高于 $2N+p$ 次的多项式，则该积分公式精确成立。其中，对于 CGL 节点、CGR 节点和 CG 节点，p 的值分别为-1、0 和 1。三种节点的计算区间稍有不同，$\alpha_j^{\mathrm{CGL}} \in [1,\ -1]$，$\alpha_j^{\mathrm{CGR}} \in [1,\ -1)$ 以及 $\alpha_j^{\mathrm{CG}} \in (1,\ -1)$，如图 1－1 所示。CGL 节点包含两个端点，适用于处理两点边值问题；CGR 节点只包含一个端点，可以用来离散半径，以避开原点的奇异性；CG 节点不包含端

点,在求积分时,该种积分格式的精度要略高于其他两种。三种节点都以 $O(N^{-2})$ 的速率集中在 $\alpha=\pm1$ 的附近。事实上,$(N+1)$ 个节点的 CGL 点和 N 个节点的 CG 点互为交替分布,而将两种节点合并则正好为 $(2N+1)$ 个节点的 CGL 点,图 1-2 为 N 取为 8 时的节点分布图。

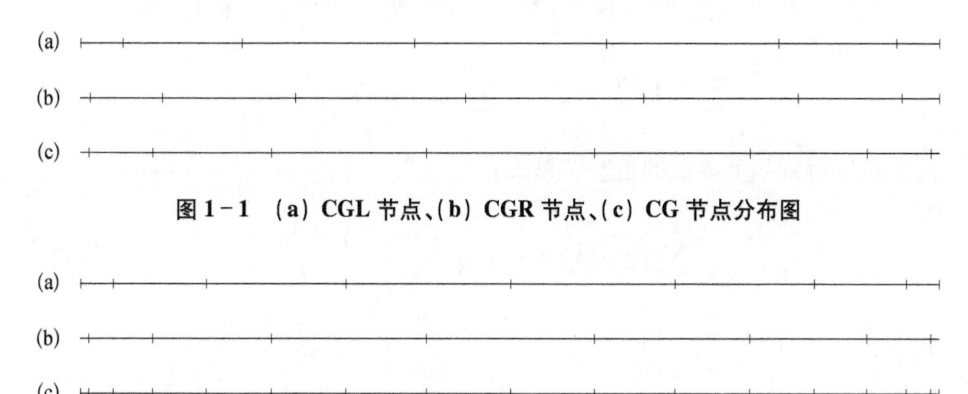

图 1-1　(a) CGL 节点、(b) CGR 节点、(c) CG 节点分布图

图 1-2　(a) 9 节点的 CGL 点、(b) 8 节点的 CG 点、(c) 17 节点的 CGL 点分布图

对于 Chebyshev 配置点谱方法,其基函数 $T_k(\alpha)$ 是首项系数为 2^{k-1} 的 k 次多项式,

$$T_k(\alpha)=\cos(k\arccos\alpha),\quad \alpha\in[1,\ -1] \tag{1-42}$$

并满足如下递推关系式:

$$T_0(\alpha)=1 \tag{1-43a}$$

$$T_1(\alpha)=\alpha \tag{1-43b}$$

$$T_{k+1}(\alpha)=2kT_k(\alpha)-T_{k-1}(\alpha),\quad k\geqslant 1 \tag{1-43c}$$

$$2T_k(\alpha)=\frac{1}{k+1}T'_{k+1}(\alpha)-\frac{1}{k-1}T'_{k-1}(\alpha),\quad k\geqslant 2 \tag{1-43d}$$

和正交关系式:

$$\int_{-1}^{1}T_j(\alpha)T_k(\alpha)\frac{\mathrm{d}\alpha}{\sqrt{1-\alpha^2}}=\begin{cases}0, & j\neq k\\ \dfrac{\pi}{2}, & j=k\neq 0\\ \pi, & j=k=0\end{cases} \tag{1-44}$$

根据式(1-40),对于CGR节点和CG节点,下式都精确成立:

$$\int_{-1}^{1} T_j(\alpha)T_k(\alpha)\frac{\mathrm{d}\alpha}{\sqrt{1-\alpha^2}} = \sum_{m=0}^{N} T_j(\alpha_m)T_k(\alpha_m)w_m \tag{1-45}$$

而对于CGL节点,该式仅在j和k不同时为N时成立。事实上,

$$\sum_{m=0}^{N} T_N^2(\alpha_m^{\mathrm{CGL}})w_m^{\mathrm{CGL}} = \sum_{m=0}^{N}\cos^2(m\pi)w_m^{\mathrm{CGL}} = \pi \tag{1-46}$$

因此可以得到如下离散的正交关系式:

$$\sum_{m=0}^{N} T_j(\alpha_m)T_k(\alpha_m)w_m = \begin{cases} 0, & j \neq k \\ \chi_k, & j = k \end{cases} \tag{1-47}$$

式中,

$$\begin{cases} \chi_k = \begin{cases} \pi, & k = 0 \\ \dfrac{\pi}{2}, & k = 1, 2, \cdots, N-1 \end{cases} \\ \chi_N = \begin{cases} \pi, & \text{CGL 点} \\ \dfrac{\pi}{2}, & \text{CG 和 CGR 点} \end{cases} \end{cases} \tag{1-48}$$

故,对于Chebyshev配置点谱方法,有

$$u(\alpha_j) = \sum_{k=0}^{N} \hat{a}_k T_k(\alpha_j), \quad j = 0, \cdots, N \tag{1-49}$$

$$u_N(\alpha) = \sum_{k=0}^{N} \hat{a}_k T_k(\alpha) \tag{1-50}$$

其中,

$$\hat{a}_k = \frac{1}{\chi_k}\sum_{j=0}^{N} u(\alpha_j)T_k(\alpha_j)w_j \tag{1-51}$$

1. 积分公式

在Gauss-Chebyshev型求积公式(1-40)中包含一个奇异的权函数$(1-\alpha^2)^{-1/2}$。而计算积分时,更加常见的一种情况是权函数等于1,即计算积

分 $\int_{-1}^{1} u(\alpha)\,\mathrm{d}\alpha$。对此，文献[4,11]中采用了一种改进的 Gauss - Chebyshev 积分公式(modified Gauss-Chebyshev quadrature formula，MGCQF)，

$$\int_{-1}^{1} u(\alpha)\,\mathrm{d}\alpha \cong \sum_{j=0}^{N} u(\alpha_j)\sqrt{1-\alpha_j^2}\,w_j \tag{1-52}$$

然而，该式尽管形式十分简单，但精度十分差，仅仅表现了与梯形积分公式(trapezoidal quadrature formula，TQF)相当的精度，如图 1-3 所示。因此在本节中将推导出另外一种基于 Chebyshev 配置点的积分公式。

对式(1-50)积分，可得

$$\int_{-1}^{1} u_N(\alpha)\,\mathrm{d}\alpha = \sum_{k=0}^{N}\frac{1}{\chi_k}\sum_{j=0}^{N} u(\alpha_j)T_k(\alpha_j)w_j\int_{-1}^{1} T_k(\alpha)\,\mathrm{d}\alpha \tag{1-53}$$

根据递推关系式(1-43d)以及 Chebyshev 多项式的性质：

$$T_k(\pm 1) = (\pm 1)^k \tag{1-54}$$

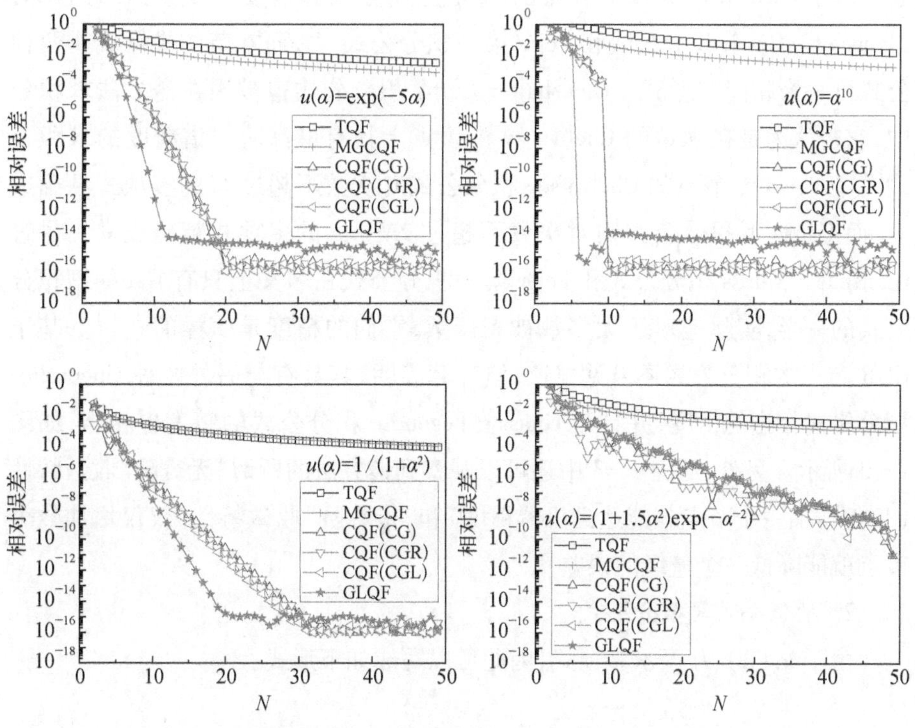

图 1-3　不同的积分公式计算 $\int_{-1}^{1} u(\alpha)\,\mathrm{d}\alpha$：误差与节点数关系图

可得

$$\int_{-1}^{1} T_k(\alpha)\mathrm{d}\alpha = \begin{cases} 0, & k \text{ 为奇数} \\ \dfrac{2}{1-k^2}, & k \text{ 为偶数} \end{cases} \tag{1-55}$$

因此方程(1-53)可以改写为

$$\int_{-1}^{1} u_N(\alpha)\mathrm{d}\alpha = \sum_{j=0}^{N} u(\alpha_j)\tilde{w}_j \tag{1-56}$$

其中,

$$\tilde{w}_j = 2w_j\left[\frac{1}{\pi} + \sum_{k=1}^{N/2} \frac{1}{\chi_{2k}} \frac{T_{2k}(\alpha_j)}{1-4k^2}\right] \tag{1-57}$$

我们称积分公式(1-56)为 Chebyshev 积分公式(Chebyshev quadrature formula, CQF)。从式(1-56)易知,其对于不高于 N 次的多项式精确成立。

基于 CGL 节点和 CG 节点的积分公式分别具有更广为人知的名称:Clenshaw-Curtis 积分公式和 Fejér 第一积分公式[12],而本节的推导表明两种公式可写为相同的形式。Clenshaw-Curtis 积分公式曾被用在谱方法求积分中,它被认为是在固定的 Chebyshev 配置点上具有最高阶的谱精度的求积公式[10]。$N+1$ 个节点的 Chebyshev 积分公式对次数不超过 N 的多项式精确成立,而 Gauss 型积分公式则对次数不超过 $2N+p$ 的多项式精确成立。尽管 Clenshaw-Curtis 积分公式和 Fejér 第一积分公式在名义上只有 Gauss 型积分公式的一半,实际上对于大多数被积函数,它们的精度是一样的[13-15]。基于 CGR 节点的积分公式还未见报道,但计算表明,其具有与另外两种 Chebyshev 积分格式相当的精度,并且与 Guass-Legendre 积分公式的精度也相当,如图 1-3 所示。另外,从图 1-3 中还可以观察到谱方法的所谓"无穷阶"收敛特性(仅仅增加一个节点就能达到机器精度)和"指数阶"收敛特性(仅仅增加数个节点就能降低一个量级的误差)。

2. 插值公式与微分公式

由于 $u_N(\alpha)$ 为 N 次多项式,因此可以写成如下形式:

$$u_N(\alpha) = \sum_{j=0}^{N} u(\alpha_j)h_j(\alpha) \tag{1-58}$$

式中，$h_j(\alpha)$ 为拉格朗日（Lagrange）插值节点基函数：

$$h_j(\alpha)=\prod_{\substack{k=0\\k\neq j}}^{N}\frac{\alpha-\alpha_k}{\alpha_j-\alpha_k}=\begin{cases}\dfrac{\prod\limits_{k=0}^{N}(\alpha-\alpha_k)}{(\alpha-\alpha_j)\prod\limits_{\substack{k=0\\k\neq j}}^{N}(\alpha_j-\alpha_k)}, & \alpha\neq\alpha_j\\ 1, & \alpha=\alpha_j\end{cases}\tag{1-59}$$

记

$$Q(\alpha)=\prod_{k=0}^{N}(\alpha-\alpha_k)\tag{1-60}$$

则有

$$h_j(\alpha)=\begin{cases}\dfrac{Q(\alpha)}{Q'(\alpha_j)(\alpha-\alpha_j)}, & \alpha\neq\alpha_j\\ 1, & \alpha=\alpha_j\end{cases}\tag{1-61}$$

对式（1－61）两边同时求导，并利用 $Q(\alpha_k)=0$，可得

$$D_{kj}=h_j'(\alpha_k)=\frac{Q'(\alpha_k)(\alpha_k-\alpha_j)-Q(\alpha_k)}{Q'(\alpha_j)(\alpha-\alpha_j)^2}=\frac{Q'(\alpha_k)}{Q'(\alpha_j)(\alpha_k-\alpha_j)},\quad k\neq j\tag{1-62a}$$

$$\begin{aligned}D_{kj}&=\lim_{\alpha\to\alpha_j}h_j'(\alpha)=\frac{1}{Q'(\alpha_j)}\lim_{\alpha\to\alpha_j}\frac{Q'(\alpha)(\alpha-\alpha_j)-Q(\alpha)}{(\alpha-\alpha_j)^2}\\&=\frac{1}{Q'(\alpha_j)}\lim_{\alpha\to\alpha_j}\frac{Q''(\alpha)(\alpha-\alpha_j)+Q'(\alpha)-Q'(\alpha)}{2(\alpha-\alpha_j)}\\&=\frac{Q''(\alpha_j)}{2Q'(\alpha_j)},\quad k=j\end{aligned}\tag{1-62b}$$

对于 CGL 节点，有

$$T_N'(\alpha_k^{\mathrm{CGL}})=\frac{N\sin(N\arccos\alpha_k^{\mathrm{CGL}})}{\sqrt{1-(\alpha_k^{\mathrm{CGL}})^2}}=\frac{N\sin(k\pi)}{\sqrt{1-(\alpha_k^{\mathrm{CGL}})^2}}=0,\quad k=1,2,\cdots,N-1\tag{1-63a}$$

$$T'_N(\alpha_0^{\mathrm{CGL}}) = \lim_{\alpha \to \alpha_0^{\mathrm{CGL}}} \frac{N\sin(N\arccos\alpha)}{\sqrt{1-\alpha^2}} = \lim_{\alpha \to \alpha_0^{\mathrm{CGL}}} \frac{N^2\cos(N\arccos\alpha)}{\alpha} = N^2 \neq 0$$

(1-63b)

$$T'_N(\alpha_N^{\mathrm{CGL}}) = \lim_{\alpha \to \alpha_N^{\mathrm{CGL}}} \frac{N^2\cos(N\arccos\alpha)}{\alpha} = -(-1)^N N^2 \neq 0 \quad (1-63\mathrm{c})$$

因此 $T'_N(\alpha)$ 可视为零点为 α_k^{CGL}，首项系数为 $2^{N-1}N$ 的 $N-1$ 次多项式,式中 $k=1,2,\cdots,N-1$。于是可以得

$$T'_N(\alpha) = 2^{N-1}N\prod_{k=1}^{N-1}(\alpha - \alpha_k^{\mathrm{CGL}}) \quad (1-64)$$

注意到 $\alpha_0^{\mathrm{CGL}}=1$ 以及 $\alpha_N^{\mathrm{CGL}}=-1$，由此可得

$$Q^{\mathrm{CGL}}(\alpha) = \prod_{k=0}^{N}(\alpha - \alpha_k^{\mathrm{CGL}}) = \frac{1}{2^{N-1}N}(\alpha^2-1)T'_N(\alpha) \quad (1-65)$$

对于 CGR 节点,有

$$\begin{aligned} T_N(\alpha_k^{\mathrm{CGR}}) &= \cos\left(N\frac{2\pi k}{2N+1}\right) \\ &= (-1)^k\cos\frac{\pi k}{2N+1} \\ &= \cos\left[(N+1)\frac{2\pi k}{2N+1}\right] \\ &= T_{N+1}(\alpha_k^{\mathrm{CGR}}), \quad k=0,1,\cdots,N \end{aligned} \quad (1-66)$$

与 CGL 节点类似,可得

$$T_{N+1}(\alpha) - T_N(\alpha) = 2^N\prod_{k=0}^{N}(\alpha - \alpha_k^{\mathrm{CGR}}) \quad (1-67)$$

因此

$$Q^{\mathrm{CGR}}(\alpha) = \prod_{k=0}^{N}(\alpha - \alpha_k^{\mathrm{CGR}}) = \frac{1}{2^N}[T_{N+1}(\alpha) - T_N(\alpha)] \quad (1-68)$$

对于 CG 点,有

$$T_{N+1}(\alpha_k^{\mathrm{CG}}) = \cos\left[(N+1)\frac{(2k+1)\pi}{2N+2}\right] = 0, \quad k = 0, 1, \cdots, N \tag{1-69}$$

由此可得

$$T_{N+1}(\alpha) = 2^N \prod_{k=0}^{N} (\alpha - \alpha_k^{\mathrm{CG}}) \tag{1-70}$$

因此

$$Q^{\mathrm{CG}}(\alpha) = \prod_{k=0}^{N} (\alpha - \alpha_k^{\mathrm{CG}}) = \frac{1}{2^N} T_{N+1}(\alpha) \tag{1-71}$$

经过以上推导可以得到基于三种节点的 $Q(\alpha)$ 显式表达式。将其代入式(1-61)和式(1-62)中,并利用 Chebyshev 多项式的三角恒等式,可以得到 Lagrange 基函数以及微分矩阵的显式表达式。需要指出的是,对于 CGL 节点,这些显式表达式可以在文献[3, 4, 9]中找到。而对其他两种节点,则未见报道。基于此,在此一并给出其推导过程。

对于 CGL 节点,有

$$Q'^{\mathrm{CGL}}(\alpha) = \frac{1}{2^{N-1}N}\left[2\alpha T'_N(\alpha) + (\alpha^2 - 1) T''_N(\alpha)\right] \tag{1-72}$$

$$Q''^{\mathrm{CGL}}(\alpha) = \frac{1}{2^{N-1}N}\left[2T'_N(\alpha) + 4\alpha T''_N(\alpha) + (\alpha^2 - 1) T'''_N(\alpha)\right] \tag{1-73}$$

根据式(1-63)以及

$$\begin{aligned} T''_N(\alpha_k^{\mathrm{CGL}}) &= \frac{-N^2\sqrt{1-(\alpha_k^{\mathrm{CGL}})^2}\cos(N\arccos\alpha_k^{\mathrm{CGL}}) + N\alpha_k^{\mathrm{CGL}}\sin(N\arccos\alpha_k^{\mathrm{CGL}})}{\left[1-(\alpha_k^{\mathrm{CGL}})^2\right]^{\frac{3}{2}}} \\ &= -(-1)^k N^2 \frac{1}{1-(\alpha_k^{\mathrm{CGL}})^2}, \quad k = 1, 2, \cdots, N-1 \end{aligned} \tag{1-74a}$$

$$T''_N(\alpha_0^{\mathrm{CGL}}) = \lim_{\alpha \to \alpha_0^{\mathrm{CGL}}} \frac{-N^2\sqrt{1-\alpha^2}\cos(N\arccos\alpha) + N\alpha\sin(N\arccos\alpha)}{(1-\alpha^2)^{\frac{3}{2}}}$$

$$= \lim_{\alpha \to \alpha_0^{\mathrm{CGL}}} \frac{N(N^2-1)\sin(N\arccos\alpha)}{3\alpha(1-\alpha^2)^{\frac{1}{2}}}$$

$$= \frac{1}{3}N^2(N^2-1) \tag{1-74b}$$

$$T_N''(\alpha_N^{\mathrm{CGL}}) = \lim_{\alpha \to \alpha_N^{\mathrm{CGL}}} \frac{N(N^2-1)\sin(N\arccos\alpha)}{3\alpha(1-\alpha^2)^{\frac{1}{2}}} = \frac{1}{3}(-1)^N N^2(N^2-1) \tag{1-74c}$$

$$\begin{aligned} T_N'''(\alpha_k^{\mathrm{CGL}}) &= \frac{-N^2(N-1)[1-(\alpha_k^{\mathrm{CGL}})^2]^{\frac{3}{2}}\sin(N\arccos\alpha_k^{\mathrm{CGL}})}{[1-(\alpha_k^{\mathrm{CGL}})^2]^3} \\ &\quad + \frac{3N(\alpha_k^{\mathrm{CGL}})^2[1-(\alpha_k^{\mathrm{CGL}})^2]^{\frac{1}{2}}\sin(N\arccos\alpha_k^{\mathrm{CGL}})}{[1-(\alpha_k^{\mathrm{CGL}})^2]^3} \\ &\quad - \frac{3N^2\alpha_k^{\mathrm{CGL}}\cos(N\arccos\alpha_k^{\mathrm{CGL}})}{[1-(\alpha_k^{\mathrm{CGL}})^2]^2} \\ &= -(-1)^k 3N^2 \frac{\alpha_k^{\mathrm{CGL}}}{[1-(\alpha_k^{\mathrm{CGL}})^2]^2}, \quad k = 1, 2, \cdots, N-1 \end{aligned} \tag{1-75}$$

可得

$$Q_k'^{\mathrm{CGL}} = \begin{cases} \dfrac{1}{2^{N-1}N}(-1)^k N^2, & k = 1, 2, \cdots, N-1 \\ \dfrac{1}{2^{N-1}N}(-1)^k 2N^2, & k = 0, N \end{cases} \tag{1-76}$$

$$Q_k''^{\mathrm{CGL}} = \begin{cases} -\dfrac{1}{2^{N-1}N}(-1)^k N^2 \dfrac{\alpha_k^{\mathrm{CGL}}}{1-(\alpha_k^{\mathrm{CGL}})^2}, & k = 1, 2, \cdots, N-1 \\ \dfrac{1}{2^{N-1}N}(-1)^k \dfrac{2}{3}N^2(2N^2+1), & k = 0 \\ -\dfrac{1}{2^{N-1}N}(-1)^k \dfrac{2}{3}N^2(2N^2+1), & k = N \end{cases} \tag{1-77}$$

将式(1－65)和式(1－76)代入式(1－61)中,可得

$$h_j^{\mathrm{CGL}}(\alpha)=\begin{cases}\dfrac{(-1)^{j+1}(1-\alpha^2)T_N'(\alpha)}{\hat{c}_j N^2(\alpha-\alpha_j^{\mathrm{CGL}})}, & \alpha\neq\alpha_j^{\mathrm{CGL}}\\ 1, & \alpha=\alpha_j^{\mathrm{CGL}}\end{cases}\tag{1-78}$$

式中, $\hat{c}_j=\begin{cases}2, & j=0,\ N\\ 1, & 其他\end{cases}$。

将式(1－76)和式(1－77)代入式(1－62)中,可得

$$D_{kj}^{\mathrm{CGL}}=\begin{cases}\dfrac{(-1)^{k+j}\hat{c}_k}{\hat{c}_j}\dfrac{1}{\alpha_k^{\mathrm{CGL}}-\alpha_j^{\mathrm{CGL}}}, & k\neq j\\ -\dfrac{\alpha_j^{\mathrm{CGL}}}{2[1-(\alpha_j^{\mathrm{CGL}})^2]}, & 1\leqslant k=j\leqslant N-1\\ \dfrac{2N^2+1}{6}, & k=j=0\\ -\dfrac{2N^2+1}{6}, & k=j=N\end{cases}\tag{1-79a}$$

为减少相近数相减带来的截断误差,通常采用另一个采用三角恒等式的表达式代替式(1－79a)[3]:

$$D_{ij}^{\mathrm{CGL}}=\begin{cases}-\dfrac{(-1)^{i+j}\hat{c}_i}{\hat{c}_j}\dfrac{1}{2\sin\left[\dfrac{(i+j)\pi}{2N}\right]\sin\left[\dfrac{(i-j)\pi}{2N}\right]}, & i\neq j\\ -\dfrac{\cos\dfrac{\pi j}{N}}{2\sin^2\left(\dfrac{j\pi}{N}\right)}, & 1\leqslant i=j\leqslant N-1\\ \dfrac{2N^2+1}{6}, & i=j=0\\ -\dfrac{2N^2+1}{6}, & i=j=N\end{cases}\tag{1-79b}$$

对于 CGR 节点,有

$$Q'^{\mathrm{CGR}}(\alpha)=\frac{1}{2^N}[T'_{N+1}(\alpha)-T'_N(\alpha)] \tag{1-80}$$

$$Q''^{\mathrm{CGR}}(\alpha)=\frac{1}{2^N}[T''_{N+1}(\alpha)-T''_N(\alpha)] \tag{1-81}$$

根据

$$T'_N(\alpha_k^{\mathrm{CGR}})=\frac{N\sin(N\arccos\alpha_k^{\mathrm{CGR}})}{\sqrt{1-(\alpha_k^{\mathrm{CGR}})^2}}=-(-1)^k\frac{N}{2\cos\dfrac{\pi k}{2N+1}},\quad k=1,2,\cdots,N \tag{1-82a}$$

$$T'_N(\alpha_0^{\mathrm{CGR}})=T'_N(\alpha_0^{\mathrm{CGL}})=T'_N(1)=N^2 \tag{1-82b}$$

$$\begin{aligned}T'_{N+1}(\alpha_k^{\mathrm{CGR}})&=\frac{(N+1)\sin[(N+1)\arccos\alpha_k^{\mathrm{CGR}}]}{\sqrt{1-(\alpha_k^{\mathrm{CGR}})^2}}\\&=(-1)^k\frac{N+1}{2\cos\dfrac{\pi k}{2N+1}},\ k=1,2,\cdots,N\end{aligned} \tag{1-83a}$$

$$T'_{N+1}(\alpha_0^{\mathrm{CGR}})=T'_{N+1}(1)=(N+1)^2 \tag{1-83b}$$

$$\begin{aligned}T''_N(\alpha_k^{\mathrm{CGR}})&=\frac{-N^2\sqrt{1-(\alpha_k^{\mathrm{CGR}})^2}\cos(N\arccos\alpha_k^{\mathrm{CGR}})+N\alpha_k^{\mathrm{CGR}}\sin(N\arccos\alpha_k^{\mathrm{CGR}})}{[1-(\alpha_k^{\mathrm{CGR}})^2]^{\frac{3}{2}}}\\&=-(-1)^k\frac{2N^2\cos^2\dfrac{\pi k}{2N+1}+N\cos\dfrac{2\pi k}{2N+1}}{2\sin^2\dfrac{2\pi k}{2N+1}\cos\dfrac{\pi k}{2N+1}},\quad k=1,2,\cdots,N\end{aligned} \tag{1-84a}$$

$$T''_N(\alpha_0^{\mathrm{CGR}})=T''_N(\alpha_0^{\mathrm{CGL}})=T''_N(1)=\frac{1}{3}N^2(N^2-1) \tag{1-84b}$$

$$
\begin{aligned}
& T''_{N+1}(\alpha_k^{\mathrm{CGR}}) \\
= & \frac{-(N+1)^2\sqrt{1-(\alpha_k^{\mathrm{CGR}})^2}\cos[(N+1)\arccos\alpha_k^{\mathrm{CGR}}]}{[1-(\alpha_k^{\mathrm{CGR}})^2]^{\frac{3}{2}}} \\
& + \frac{(N+1)\alpha_k^{\mathrm{CGR}}\sin[(N+1)\arccos\alpha_k^{\mathrm{CGR}}]}{[1-(\alpha_k^{\mathrm{CGR}})^2]^{\frac{3}{2}}} \\
= & -(-1)^k \frac{2(N+1)^2\cos^2\dfrac{\pi k}{2N+1}-(N+1)\cos\dfrac{2\pi k}{2N+1}}{2\sin^2\dfrac{2\pi k}{2N+1}\cos\dfrac{\pi k}{2N+1}}, \quad k=1,2,\cdots,N
\end{aligned}
\tag{1-85a}
$$

$$
T''_{N+1}(\alpha_0^{\mathrm{CGR}}) = T''_{N+1}(1) = \frac{1}{3}N(N+2)(N+1)^2 \tag{1-85b}
$$

可得

$$
Q_k'^{\mathrm{CGR}} = \begin{cases} \dfrac{1}{2^N}(-1)^k\dfrac{2N+1}{2\cos\dfrac{\pi k}{2N+1}}, & k=1,2,\cdots,N \\ \dfrac{1}{2^N}(-1)^k(2N+1), & k=0 \end{cases} \tag{1-86}
$$

$$
Q_k''^{\mathrm{CGR}} = \begin{cases} -\dfrac{1}{2^N}(-1)^k\dfrac{2N+1}{2\sin^2\dfrac{2\pi k}{2N+1}\cos\dfrac{\pi k}{2N+1}}, & k=1,2,\cdots,N \\ \dfrac{1}{2^N}N(N+1)(2N+1), & k=0 \end{cases} \tag{1-87}
$$

将式(1-68)和式(1-86)代入式(1-61)中,可得

$$
h_j^{\mathrm{CGR}}(\alpha) = \begin{cases} \dfrac{T_{N+1}(\alpha)-T_N(\alpha)}{(-1)^j\dfrac{2N+1}{2\bar{c}_j}(\alpha-\alpha_j^{\mathrm{CGR}})}, & \alpha\neq\alpha_j^{\mathrm{CGR}} \\ 1, & \alpha=\alpha_j^{\mathrm{CGR}} \end{cases} \tag{1-88}
$$

式中，$\bar{c}_j = \begin{cases} 1/2, & j=0 \\ \cos\left(\dfrac{j\pi}{2N+1}\right), & 其他 \end{cases}$。

将式(1-86)和式(1-87)代入式(1-62)中，可得

$$D_{kj}^{\mathrm{CGR}} = \begin{cases} -(-1)^{k+j}\dfrac{\bar{c}_j}{\bar{c}_k}\dfrac{1}{2\sin\left(\dfrac{k+j}{2N+1}\pi\right)\sin\left(\dfrac{k-j}{2N+1}\pi\right)}, & k \neq j \\ -\dfrac{1}{2\sin^2\dfrac{2\pi k}{2N+1}}, & 1 \leqslant k=j \leqslant N \\ \dfrac{N(N+1)}{3}, & k=j=0 \end{cases} \tag{1-89}$$

对于 CG 节点，有

$$Q'^{\mathrm{CG}}(\alpha) = \frac{1}{2^N}T'_{N+1}(\alpha) \tag{1-90}$$

$$Q''^{\mathrm{CG}}(\alpha) = \frac{1}{2^N}T''_{N+1}(\alpha) \tag{1-91}$$

根据

$$\begin{aligned} T'_{N+1}(\alpha_k^{\mathrm{CG}}) &= \frac{(N+1)\sin[(N+1)\arccos\alpha_k^{\mathrm{CG}}]}{\sqrt{1-(\alpha_k^{\mathrm{CG}})^2}} \\ &= (-1)^k\frac{N+1}{\sqrt{1-(\alpha_k^{\mathrm{CG}})^2}} \\ &= (-1)^k\frac{N+1}{\sin\dfrac{(2k+1)\pi}{2N+2}}, \quad k=0,1,\cdots,N \end{aligned} \tag{1-92}$$

$$T''_{N+1}(\alpha_k^{\mathrm{CG}}) = \frac{-(N+1)^2\sqrt{1-(\alpha_k^{\mathrm{CG}})^2}\cos[(N+1)\arccos\alpha_k^{\mathrm{CG}}]}{[1-(\alpha_k^{\mathrm{CG}})^2]^{\frac{3}{2}}}$$

$$
+\frac{(N+1)\alpha_k^{CG}\sin[(N+1)\arccos\alpha_k^{CG}]}{[1-(\alpha_k^{CG})^2]^{\frac{3}{2}}}
$$

$$
=(-1)^k\frac{(N+1)\cos\dfrac{(2k+1)\pi}{2N+1}}{\sin^3\dfrac{(2k+1)\pi}{2N+1}},\quad k=0,1,\cdots,N \tag{1-93}
$$

可得

$$
Q_k'^{CG}=\frac{1}{2^N}(-1)^k\frac{N+1}{\sin\dfrac{(2k+1)\pi}{2N+2}},\quad k=0,1,\cdots,N \tag{1-94}
$$

$$
Q_k''^{CG}=\frac{1}{2^N}(-1)^k\frac{(N+1)\cos\dfrac{(2k+1)\pi}{2N+1}}{\sin^3\dfrac{(2k+1)\pi}{2N+1}},\quad k=0,1,\cdots,N \tag{1-95}
$$

将式(1-71)和式(1-94)代入式(1-61)中,可得

$$
h_j^{CG}(\alpha)=\begin{cases}(-1)^j\dfrac{T_{N+1}(\alpha)}{(N+1)(\alpha-\alpha_j^{CG})}\sin\dfrac{(2j+1)\pi}{2N+2}, & \alpha\neq\alpha_j^{CG}\\ 1, & \alpha=\alpha_j^{CG}\end{cases} \tag{1-96}
$$

将式(1-94)和式(1-95)代入式(1-62),可得

$$
D_{kj}^{CG}=\begin{cases}(-1)^{k+j}\sqrt{\dfrac{1-(\alpha_j^{CG})^2}{1-(\alpha_k^{CG})^2}}\dfrac{1}{\alpha_k^{CG}-\alpha_j^{CG}}, & k\neq j\\ \dfrac{\alpha_k^{CG}}{2[1-(\alpha_k^{CG})^2]}, & k=j\end{cases}
$$

$$
=\begin{cases} -(-1)^{k+j}\dfrac{\sin\left(\dfrac{2j+1}{2N+2}\pi\right)}{\sin\left(\dfrac{2k+1}{2N+2}\pi\right)}\dfrac{1}{2\sin\left(\dfrac{k+j+1}{2N+2}\pi\right)\sin\left(\dfrac{k-j}{2N+2}\pi\right)}, & k\neq j \\ \dfrac{\cos\left(\dfrac{2k+1}{2N+2}\pi\right)}{2\sin^2\left(\dfrac{2k+1}{2N+2}\pi\right)}, & k=j \end{cases}
$$

(1 - 97)

通过以上推导,可以得到基于三种节点的 Lagrange 基函数以及微分矩阵的显式表达式。与 Fourier 配置点谱方法不同,对于任意的节点数 N, Chebyshev 配置点谱方法的高阶微分矩阵都可以由式(1 - 39)求得,这是由于 $u_N^{(m)}(\alpha)$ 为 $N-m$ 次多项式,因此满足下式:

$$
u_N^{(m)}(\alpha)=\sum_{j=0}^{N}u_N^{(m)}(\alpha_j)h_j(\alpha) \tag{1-98}
$$

1.2.3 任意计算区间的配置点谱方法

在前面的讨论中,Fourier 和 Chebyshev 配置点谱方法的计算区间分别为标准区间 $[0, 2\pi]$ 和 $[1, -1]$。而在大多数情况下,计算区间并非如此。例如,考虑 $u(x)$,其中 $x\in[x_L, x_U]$,则需要先进行计算区间的转换。

对于 Fourier 配置点谱方法可以采用如下线性转换:

$$
x=\frac{x_U-x_L}{2\pi}\alpha+x_L \tag{1-99}
$$

因此相对应的表达式:

$$
\int_{x_L}^{x_U}u_N(x)\,\mathrm{d}x=\frac{x_U-x_L}{N}\sum_{j=0}^{N-1}u(x_j) \tag{1-100a}
$$

$$
u_N(x)=\sum_{j=0}^{N-1}u(x_j)h_j[\alpha(x)]=\sum_{j=0}^{N-1}u(x_j)h_j\left(2\pi\frac{x-x_L}{x_U-x_L}\right) \tag{1-100b}
$$

$$
u'_N(x_k)=\frac{2\pi}{x_U-x_L}\sum_{j=0}^{N-1}u(x_j)D_{kj} \tag{1-100c}
$$

对于 Chebyshev 配置点谱方法可以采用如下线性转换：

$$x = \frac{x_{\mathrm{U}} - x_{\mathrm{L}}}{2}(\alpha + 1) + x_{\mathrm{L}} \tag{1-101}$$

因此相对应的表达式：

$$\int_{x_{\mathrm{L}}}^{x_{\mathrm{U}}} u_N(x)\,\mathrm{d}x = \frac{x_{\mathrm{U}} - x_{\mathrm{L}}}{2}\sum_{j=0}^{N} u(x_j)\tilde{w}_j \tag{1-102a}$$

$$u_N(x) = \sum_{j=0}^{N} u(x_j) h_j[\alpha(x)] = \sum_{j=0}^{N} u(x_j) h_j\left(2\frac{x - x_{\mathrm{L}}}{x_{\mathrm{U}} - x_{\mathrm{L}}} - 1\right) \tag{1-102b}$$

$$u'_N(x_k) = \frac{2}{x_{\mathrm{U}} - x_{\mathrm{L}}}\sum_{j=0}^{N} u(x_j) D_{kj} \tag{1-102c}$$

为方便起见，在不引起混淆的情况下，后文中将式(1-100b)和式(1-102b)中的 $h_j\left(2\pi\frac{x - x_{\mathrm{L}}}{x_{\mathrm{U}} - x_{\mathrm{L}}}\right)$ 和 $h_j\left(2\frac{x - x_{\mathrm{L}}}{x_{\mathrm{U}} - x_{\mathrm{L}}} - 1\right)$ 直接记作 $h_j(x)$。

1.3 谱方法的求解方法

对于谱方法，其相应的矩阵为满阵(full matrix)，因此同等网格量时计算量要比传统的有限差分和有限元大。因为计算代价过于高昂，超出当时的计算机水平，在很长的一段时间内谱方法都没有受到关注。直到 1965 年，Cooley 和 Tukey[16] 提出快速 Fourier 变换，这个问题才得以解决。可以说，谱方法的成功和流行离不开快速 Fourier 变换的出现。不过，快速 Fourier 变换的优势仅保持在节点数较多时。早在 1984 年，Taylor 等[17] 就对快速 Fourier 变换和矩阵运算做过比较。他们发现，对于一维非稳态问题，在节点数 $N \leqslant 64$ 时，矩阵运算效率更高；而在二维时，即使 N 取为 128，矩阵运算仍然可以具有更高的效率。如今，计算机技术已得到迅速发展。在 Li 和 Chang[18] 于 2016 年的测试中，N 取为 200 时，矩阵运算仍具有相当的效率。另外，与快速 Fourier 变换相比，矩阵运算的形式更为简洁明了。在本书的研究范围内，所使用的计算机可以满足矩阵运算的需求，因此本书中只讨论矩阵运算。

考虑线性问题,假设非线性问题可以线性化。对于任意的线性系统,经过配置点谱方法离散,都可以得到如下矩阵方程形式:

$$\boldsymbol{A}\boldsymbol{u}=\boldsymbol{f} \tag{1-103}$$

式中,向量 $\boldsymbol{u}$ 包含所有网格节点上的待求值 u_N;向量 $\boldsymbol{f}$ 包含网格节点上的已知信息;$\boldsymbol{A}$ 为对应的系数矩阵。式(1-103)可以通过直接求逆的方式求解。该方法是一种暴力求解线性问题的方法,形式简单,但是对于高维系统,求解效率低,并且占用内存高。因此本章介绍两种特殊的矩阵方程直接求解技术:矩阵对角化法与 Schur 分解法。

矩阵对角化法由 Lynch 等[19]提出,用于求解有限差分近似的椭圆型方程。其后,Haidvogel 和 Zang[20]将该方法用于求解 Chebyshev Tau 谱近似的 Poisson 方程,并与二阶和四阶的有限差分法进行了比较。Haldenwang[21]将该方法推广至三维情形。而 Ehrenstein 和 Peyret[22]则将该方法推广至 Chebyshev 配置点谱方法求解 Navier-Stokes 方程中。目前,该方法在采用谱方法求解各类问题中十分常见。

但是,矩阵对角化法要求系数矩阵的特征值为实数。事实上,在系数矩阵特征值为复数的情形可以采用 Schur 分解法。Schur 分解法由 Bartels 和 Stewart[23]提出。Golub、Nash 和 Loan[24]在此基础上作了改进,提出一种 Hesenberg-Schur 分解法以期减少原来方法的计算量。Li 等[25]将 Schur 分解法推广至三维,用于 Chebyshev 配置点谱-离散坐标法求解吸收和发射介质中的辐射传递方程。但 Li 等[25]的方法用于求解辐射传热时还可以进一步优化,本章将对此予以详细介绍。另外,本章还将该方法推广至吸收、发射和散射介质中。

1.3.1 矩阵对角化法

考虑 Helmholtz 方程,

$$\Delta u+au=f \tag{1-104}$$

式中,a 为常数;f 为关于坐标位置的函数。

在立方腔 $[-1,1]^3$ 内,上式可写为

$$\frac{\partial^2 u}{\partial x^2}+\frac{\partial^2 u}{\partial y^2}+\frac{\partial^2 u}{\partial z^2}+au=f \tag{1-105}$$

简单起见,假设边界条件为

$$u(-1, y, z) = u(1, y, z) = u(x, -1, z) = u(x, 1, z) \\ = u(x, y, -1) = u(x, y, 1) = 0 \tag{1-106}$$

以 Chebyshev 配置点谱方法为例,输入边界后,式(1-105)的离散表达式为

$$\sum_{s=1}^{N_x-1} u_{sjk} D_{x,\,is}^{(2)} + \sum_{t=1}^{N_y-1} u_{itk} D_{y,\,jt}^{(2)} + \sum_{p=1}^{N_z-1} u_{ijp} D_{z,\,kp}^{(2)} + a u_{ijk} = f_{ijk}, \\ i = 1, \cdots, N_x - 1;\ j = 1, \cdots, N_y - 1;\ k = 1, \cdots, N_z - 1 \tag{1-107}$$

上式可记作矩阵形式:

$$\boldsymbol{A} W_1 \boldsymbol{u} + \boldsymbol{u} W_2 \boldsymbol{B} + \boldsymbol{u} W_3 \boldsymbol{C} + a\boldsymbol{u} = \boldsymbol{f} \tag{1-108}$$

式中,$\boldsymbol{A}$、$\boldsymbol{B}$ 和 $\boldsymbol{C}$ 分别是元素个数为 $(N_x-1)^2$、$(N_y-1)^2$ 和 $(N_z-1)^2$ 的二维矩阵;$\boldsymbol{u}$ 和 $\boldsymbol{f}$ 是元素个数为 $(N_x-1)(N_y-1)(N_z-1)$ 的三维矩阵;W_1、W_2 和 W_3 为自定义的三维矩阵沿不同方向与二维矩阵的乘积符号,具体含义可对照式(1-107)。

假设对角矩阵 $\boldsymbol{\Lambda}_A$、$\boldsymbol{\Lambda}_B$ 和 $\boldsymbol{\Lambda}_C$ 对角线上的元素分别是矩阵 $\boldsymbol{A}$、$\boldsymbol{B}$ 和 $\boldsymbol{C}$ 的特征值,矩阵 $\boldsymbol{P}_A$、$\boldsymbol{P}_B$ 和 $\boldsymbol{P}_C$ 分别是 $\boldsymbol{A}$、$\boldsymbol{B}$ 和 $\boldsymbol{C}$ 的特征矩阵,那么

$$\boldsymbol{A}\boldsymbol{P}_A = \boldsymbol{P}_A \boldsymbol{\Lambda}_A \tag{1-109a}$$

$$\boldsymbol{B}\boldsymbol{P}_B = \boldsymbol{P}_B \boldsymbol{\Lambda}_B \tag{1-109b}$$

$$\boldsymbol{C}\boldsymbol{P}_C = \boldsymbol{P}_C \boldsymbol{\Lambda}_C \tag{1-109c}$$

由式(1-109)可得

$$(\boldsymbol{\Lambda}_A + a\boldsymbol{E}) W_1 \boldsymbol{u}' + \boldsymbol{u}' W_2 \boldsymbol{\Lambda}_B + \boldsymbol{u}' W_3 \boldsymbol{\Lambda}_C = \boldsymbol{f}' \tag{1-110}$$

式中,$\boldsymbol{E}$ 为大小与 $\boldsymbol{A}'$ 一致的单位阵,

$$\boldsymbol{u}' = \boldsymbol{P}_A^{-1} W_1 \boldsymbol{u} W_2 \boldsymbol{P}_B W_3 \boldsymbol{P}_C \tag{1-111a}$$

$$\boldsymbol{f}' = \boldsymbol{P}_A^{-1} W_1 \boldsymbol{f} W_2 \boldsymbol{P}_B W_3 \boldsymbol{P}_C \tag{1-111b}$$

因此

$$u'_{ijk} = \frac{f'_{ijk}}{(\Lambda_{A,ii} + a) + \Lambda_{B,jj} + \Lambda_{C,kk}} \tag{1-112}$$

利用式(1-112)求出 $\boldsymbol{u}'$ 后，$\boldsymbol{u}$ 可由下式求出：

$$\boldsymbol{u} = \boldsymbol{P}_A W_1 \boldsymbol{u}' W_2 \boldsymbol{P}_B^{-1} W_3 \boldsymbol{P}_C^{-1} \tag{1-113}$$

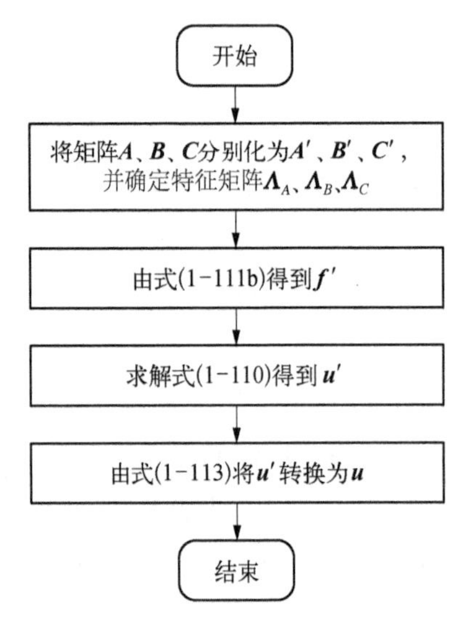

图 1-4 矩阵对角化法求解三维矩阵方程流程图

采用对角化方法求解三维矩阵方程的过程如图 1-4 所示。其中，求特征向量和其逆矩阵所需的基本计算量（即加减乘除等基本运算的次数，以下简称计算量）约为 $4(N_x^3 + N_y^3 + N_z^3)$ [3]；式(1-111b)的计算量约为 $2N_xN_yN_z(N_x + N_y + N_z)$；求解式(1-110)所需计算量约为 $3N_xN_yN_z$；式(1-113)的计算量约为 $2N_xN_yN_z(N_x + N_y + N_z)$。因此，该方法求解三维矩阵的总计算量约为 $4(N_x^3 + N_y^3 + N_z^3) + 4N_xN_yN_z(N_x + N_y + N_z) + 3N_xN_yN_z$。同样可得，该方法求解二维矩阵方程的总计算量约为 $4(N_x^3 + N_y^3) + 4N_xN_y(N_x + N_y) + 2N_xN_y$。

1.3.2 三维 Schur 分解法

上节所讨论的方程为二阶偏微分方程，考虑如下一阶偏微分方程：

$$\nabla u + au = f \tag{1-114}$$

在立方腔 $[-1, 1]^3$ 内，上式可写为

$$\frac{\partial u}{\partial x} + \frac{\partial u}{\partial y} + \frac{\partial u}{\partial z} + au = f \tag{1-115}$$

假设边界条件为

$$u(-1, y, z) = u(x, -1, z) = u(x, y, -1) = 0 \tag{1-116}$$

类似地，采用 Chebyshev 配置点谱方法，输入边界后，式(1-115)的离散表达式为

$$\sum_{s=0}^{N_x-1} u_{sjk} D_{x,\,is} + \sum_{t=0}^{N_y-1} u_{itk} D_{y,\,jt} + \sum_{p=0}^{N_z-1} u_{ijp} D_{z,\,kp} + a u_{ijk} = f_{ijk},$$

$$i = 0,\ \cdots,\ N_x - 1;\ j = 0,\ \cdots,\ N_y - 1;\ k = 0,\ \cdots,\ N_z - 1 \tag{1-117}$$

上式同样可记作矩阵方程(1-108)的形式,不过式中 $\boldsymbol{A}$、$\boldsymbol{B}$ 和 $\boldsymbol{C}$ 分别是元素个数为 N_x^2、N_y^2 和 N_z^2 的二维矩阵,$\boldsymbol{u}$ 和 $\boldsymbol{f}$ 是元素个数为 $N_xN_yN_z$ 的三维矩阵。由于谱方法的一阶微分矩阵特征值会出现复数,因此不能够继续采用基于矩阵对角化的求解方法。但此时可以采用基于 Schur 分解的求解方法。我们以由 Li 等[25]推广的 Schur 分解法为基础进行介绍。不过,在 Li 等[25]的 Schur 分解法中,他们还假设了其中某个系数矩阵的特征值为实数的情形,通过与矩阵对角化结合以减少部分计算量。而事实上对于一阶偏微分方程,所有的系数矩阵都为一阶微分矩阵,无需作此假设。因此 Li 等[25]的求解过程可作简化,如下所示。

矩阵 $\boldsymbol{A}$、$\boldsymbol{B}$ 和 $\boldsymbol{C}$ 可通过 Schur 分解化作块上三角或块下三角矩阵:

$$\boldsymbol{A}' = \boldsymbol{P}_A^{\mathrm{T}} \boldsymbol{A} \boldsymbol{P}_A = \begin{bmatrix} \boldsymbol{A}'_{11} & & & \\ \boldsymbol{A}'_{21} & \boldsymbol{A}'_{22} & & \\ \vdots & \vdots & \ddots & \\ \boldsymbol{A}'_{l1} & \boldsymbol{A}'_{l2} & \cdots & \boldsymbol{A}'_{ll} \end{bmatrix} \tag{1-118a}$$

$$\boldsymbol{B}' = \boldsymbol{P}_B^{\mathrm{T}} \boldsymbol{B} \boldsymbol{P}_B = \begin{bmatrix} \boldsymbol{B}'_{11} & \boldsymbol{B}'_{12} & \cdots & \boldsymbol{B}'_{1p} \\ & \boldsymbol{B}'_{22} & \cdots & \boldsymbol{B}'_{2p} \\ & & \ddots & \vdots \\ & & & \boldsymbol{B}'_{pp} \end{bmatrix} \tag{1-118b}$$

$$\boldsymbol{C}' = \boldsymbol{P}_C^{\mathrm{T}} \boldsymbol{C} \boldsymbol{P}_C = \begin{bmatrix} \boldsymbol{C}'_{11} & \boldsymbol{C}'_{12} & \cdots & \boldsymbol{C}'_{1q} \\ & \boldsymbol{C}'_{22} & \cdots & \boldsymbol{C}'_{2q} \\ & & \ddots & \vdots \\ & & & \boldsymbol{C}'_{qq} \end{bmatrix} \tag{1-118c}$$

式中,矩阵 $\boldsymbol{A}'_{ii}\ (i = 1,\ \cdots,\ l)$、$\boldsymbol{B}'_{jj}\ (j = 1,\ \cdots,\ p)$ 和 $\boldsymbol{C}'_{kk}\ (k = 1,\ \cdots,\ q)$ 是最大阶数为 2 的矩阵。需注意,此处 $\boldsymbol{P}_A$、$\boldsymbol{P}_B$ 和 $\boldsymbol{P}_C$ 为正交矩阵,并且与上节定义不同。

如果定义：

$$\boldsymbol{u}' = \boldsymbol{P}_A^{\mathrm{T}} W_1 \boldsymbol{u} W_2 \boldsymbol{P}_B W_3 \boldsymbol{P}_C \tag{1-119a}$$

$$\boldsymbol{f}' = \boldsymbol{P}_A^{\mathrm{T}} W_1 \boldsymbol{f} W_2 \boldsymbol{P}_B W_3 \boldsymbol{P}_C \tag{1-119b}$$

可得

$$(\boldsymbol{A}' + a\boldsymbol{E}) W_1 \boldsymbol{u}' + \boldsymbol{u}' W_2 \boldsymbol{B}' + \boldsymbol{u}' W_3 \boldsymbol{C}' = \boldsymbol{f}' \tag{1-120}$$

因此

$$\begin{aligned}&(\boldsymbol{A}'_{ii} + a\boldsymbol{E}_i) W_1 \boldsymbol{u}'_{ijk} + \boldsymbol{u}'_{ijk} W_2 \boldsymbol{B}'_{jj} + \boldsymbol{u}'_{ijk} W_3 \boldsymbol{C}'_{kk} \\ &= \boldsymbol{f}'_{ijk} - \sum_{r=1}^{i-1} \boldsymbol{A}'_{ir} W_1 \boldsymbol{u}'_{rjk} - \sum_{s=1}^{j-1} \boldsymbol{u}'_{isk} W_2 \boldsymbol{B}'_{sj} - \sum_{t=1}^{k-1} \boldsymbol{u}'_{ijt} W_3 \boldsymbol{C}'_{tk}\end{aligned} \tag{1-121}$$

通过式(1－121)可连续求得 $\boldsymbol{u}'_{111}$、$\boldsymbol{u}'_{112}$、…、$\boldsymbol{u}'_{11l}$、$\boldsymbol{u}'_{211}$、$\boldsymbol{u}'_{212}$、…、$\boldsymbol{u}'_{lpq}$。随后可以得到式(1－108)的解：

$$\boldsymbol{u} = \boldsymbol{P}_A W_1 \boldsymbol{u}' W_2 \boldsymbol{P}_B^{\mathrm{T}} W_3 \boldsymbol{P}_C^{\mathrm{T}} \tag{1-122}$$

由于矩阵 $\boldsymbol{A}'_{ii}$、$\boldsymbol{B}'_{jj}$ 和 $\boldsymbol{C}'_{kk}$ 最大阶数为 2，式(1－121)的解可通过求解最多是八元的线性方程组得到。例如，$\boldsymbol{A}'_{ii}$ 和 $\boldsymbol{B}'_{jj}$ 为二阶，$\boldsymbol{C}'_{kk}$ 为一阶，则

$$\begin{bmatrix} a'_{11}+b'_{11}+c'_{11} & a'_{12} & b'_{21} & 0 \\ a'_{21} & a'_{22}+b'_{11}+c'_{11} & 0 & b'_{21} \\ b'_{12} & 0 & a'_{11}+b'_{22}+c'_{11} & a'_{12} \\ 0 & b'_{12} & a'_{21} & a'_{22}+b'_{22}+c'_{11} \end{bmatrix} \begin{bmatrix} u'_{111} \\ u'_{211} \\ u'_{121} \\ u'_{221} \end{bmatrix} = \begin{bmatrix} f'_{111} \\ f'_{211} \\ f'_{121} \\ f'_{221} \end{bmatrix} \tag{1-123}$$

式中，a'、b'、c' 和 u' 分别是 $(\boldsymbol{A}'_{ii} + a\boldsymbol{E}_i)$、$\boldsymbol{B}'_{jj}$ 和 $\boldsymbol{C}'_{kk}$ 的元素；f' 是式(1－121)右边的元素。其他情况与此类似。

采用 Schur 分解法求解三维矩阵方程的过程如图 1－5 所示。假设通过 Schur 分解得到块上三角或块下三角矩阵需要 ℓ 次 QR 分解，则式(1－118)的计算量约为 $(4+8\ell)(N_x^3+N_y^3+N_z^3)$[3]；式(1－119b)的计算量约为 $2N_xN_yN_z(N_x+N_y+N_z)$；式(1－120)的求解计算量约为 $N_xN_yN_z(N_x+N_y+N_z)$；式(1－122)的计算量约为 $2N_xN_yN_z(N_x+N_y+N_z)$。因此，采用 Schur 分解法求解三维矩阵方程需要的总计算量约为 $(4+8\ell)(N_x^3+N_y^3+N_z^3)+$

$5N_xN_yN_z(N_x+N_y+N_z)$。类似可以得到该方法求解二维矩阵方程需要的总计算量约为 $(4+8\ell)(N_x^3+N_y^3)+5N_xN_y(N_x+N_y)$。

注意：尽管基于 Schur 分解的求解方法比基于矩阵对角化的求解方法适用范围要广，但是计算量也更大。在三个方向网格都相当的情况下，矩阵对角化法求解三维矩阵方程的计算量仅为 Schur 分解法的 80%，在求解二维矩阵方程时矩阵对角化法优势还要更大。在一些问题中，如果需要迭代运算，则特征向量和其求逆以及 Schur 分解求块上三角或块下三角矩阵的过程仅需执行一次，计算量主要由其后的迭代计算决定。这种情况下，无论二维还是三维矩阵方程，矩阵对角化法的计算量都仅为 Schur 分解法的 80%。更重要的是，矩阵对角化法的求解过程也要更为简单。这些原因直接导致采用 Schur 分解法求解矩阵方程的文献极为少见。

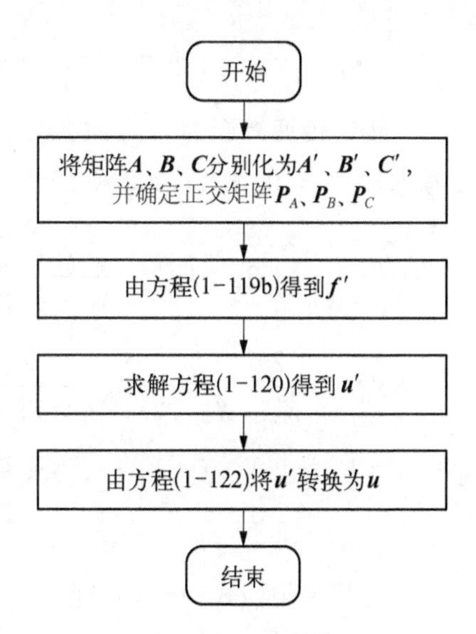

图 1-5　Schur 分解法求解三维矩阵方程流程图

1.3.3　三维 Schur 分解法在热辐射中的应用

在导热和对流传热问题中比较重要的 Poisson 方程可以直接写成式(1-105)。在此基于 Li 等[25]的工作继续讨论辐射传热问题中的控制方程，即辐射传递方程的求解。

考虑三维立方腔 $[X_1, X_2]\times[Y_1, Y_2]\times[Z_1, Z_2]$，其中充满均匀的吸收、发射和散射的灰介质。在直角坐标系中，配置点谱方法对于角向的离散与离散坐标法类似，即以求和公式代替积分。此时，配置点谱方法和配置点谱-离散坐标法的求解器是通用的。

采用 Chebyshev 配置点谱方法离散空间各方向，则

$$\frac{2\mu^{m,n}}{X_2-X_1}\sum_{r=0}^{N_x}D_{\alpha_x,ir}I_{rjk}^{m,n}+\frac{2\eta^{m,n}}{Y_2-Y_1}\sum_{s=0}^{N_y}D_{\alpha_y,js}I_{isk}^{m,n}+\frac{2\xi^{m,n}}{Z_2-Z_1}\sum_{t=0}^{N_z}D_{\alpha_z,kt}I_{ijt}^{m,n}+\beta I_{ijk}^{m,n}=\beta S_{ijk}^{m,n},$$

$$i=0,1,\cdots,N_x;\ j=0,1,\cdots,N_y;\ k=0,1,\cdots,N_z;$$

$$m = 0, 1, \cdots, N_\varphi; \ n = 0, 1, \cdots, N_\theta \tag{1-124}$$

辐射传递方程为一阶微积分方程,其边界条件一般为第一类边界条件。考虑 $\mu^{m,n} < 0$、$\eta^{m,n} < 0$ 和 $\xi^{m,n} < 0$ 方向,输入边界,则有

$$\frac{2\mu^{m,n}}{X_2 - X_1}\sum_{r=1}^{N_x} D_{\alpha_x, ir} I_{rjk}^{m,n} + \frac{2\eta^{m,n}}{Y_2 - Y_1}\sum_{s=1}^{N_y} D_{\alpha_y, js} I_{isk}^{m,n} + \frac{2\xi^{m,n}}{Z_2 - Z_1}\sum_{t=1}^{N_z} D_{\alpha_z, kt} I_{ijt}^{m,n} + \beta I_{ijk}^{m,n}$$
$$= \beta S_{ijk}^{m,n} - \frac{2\mu^{m,n}}{X_2 - X_1} D_{\alpha_x, i0} I_{0jk}^{m,n} - \frac{2\eta^{m,n}}{Y_2 - Y_1} D_{\alpha_y, j0} I_{i0k}^{m,n} - \frac{2\eta^{m,n}}{Z_2 - Z_1} D_{\alpha_z, k0} I_{ij0}^{m,n},$$
$$i = 1, \cdots, N_x; \ j = 1, \cdots, N_y; \ k = 1, \cdots, N_z \tag{1-125}$$

上式可写为类似式(1-108)的形式,

$$\mu^{m,n}\boldsymbol{A}W_1 I^{m,n} + \eta^{m,n}\boldsymbol{I}^{m,n}W_2\boldsymbol{B} + \xi^{m,n}\boldsymbol{I}^{m,n}W_3\boldsymbol{C} + \beta I^{m,n} = \boldsymbol{f}^{m,n} \tag{1-126}$$

式(1-126)的求解可采用源迭代(source iteration, SI)[26],在每次迭代中都将源函数处理为常数,待所有辐射强度值求出后再为下一次迭代更新源函数和边界条件。因此,每次迭代中各个离散角向对应的矩阵方程的求解方式也与式(1-108)的求解类似。通过 Schur 分解,以及与上节中类似的定义,可以得到类似式(1-120)的方程:

$$(\mu^{m,n}\boldsymbol{A}' + \beta \boldsymbol{E})W_1\boldsymbol{I}'^{m,n} + \eta^{m,n}\boldsymbol{I}'^{m,n}W_2\boldsymbol{B}' + \xi^{m,n}\boldsymbol{I}'^{m,n}W_3 C' = \boldsymbol{f}'^{m,n} \tag{1-127}$$

无疑,将此处的 $\mu^{m,n}\boldsymbol{A}'$、$\eta^{m,n}\boldsymbol{B}'$、$\xi^{m,n}\boldsymbol{C}'$、$\beta$、$\boldsymbol{I}'^{m,n}$ 和 $\boldsymbol{f}'^{m,n}$ 分别视作式(1-120)中的 $\boldsymbol{A}'$、$\boldsymbol{B}'$、$\boldsymbol{C}'$、a、$\boldsymbol{u}'$ 和 $\boldsymbol{f}'$,即可直接利用式(1-120)的求解程序,具体见图 1-6。

对于其他七种方向余弦的组合,求解过程类似。需要注意的是,$\mu^{m,n} > 0$ 方向和 $\mu^{m,n} < 0$ 方向得到的系数矩阵 $\boldsymbol{A}$ 是不同的,而 $\eta^{m,n} > 0$ 方向和 $\eta^{m,n} < 0$ 得到的系数矩阵 $\boldsymbol{B}$ 互不相同,$\xi^{m,n} > 0$ 方向和 $\xi^{m,n} < 0$ 方向得到的系数矩阵 $\boldsymbol{C}$ 互不相同,因此求解过程中需要 $2(N_x^2 + N_y^2 + N_z^2)$ 个内存单元以存储这些系数矩阵,执行 6 次 Schur 分解,相应的计算量约为 $6(2 + 4\ell)(N_x^3 + N_y^3 + N_z^3)$。

文献[25]中,Li 等所考虑的无散射介质情形源项为常数,所考虑壁面为黑

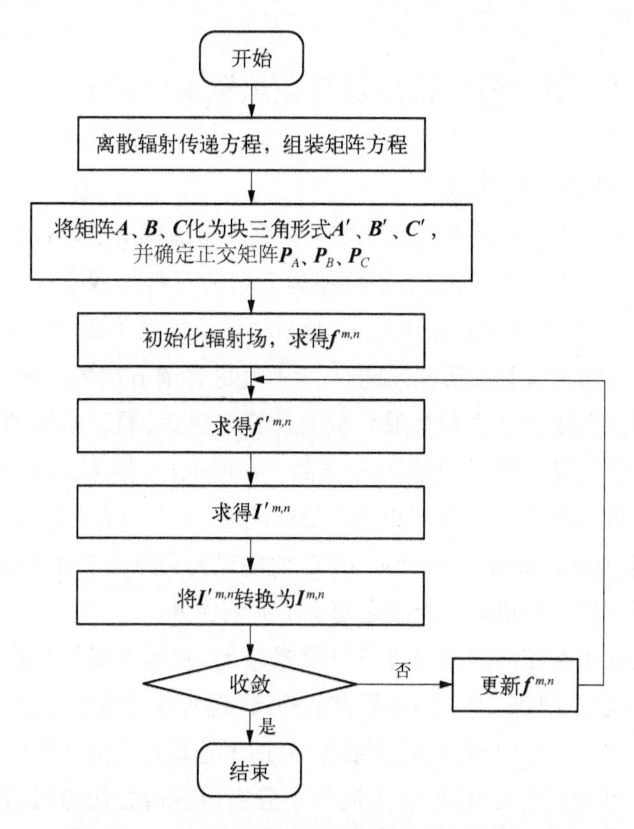

图 1-6　Schur 分解法求解辐射传递方程流程图

体,因此无需迭代计算。另外,在得到方程(1-126)后,Li 等[25]将$\mu^{m,n}\boldsymbol{A}$、$\eta^{m,n}\boldsymbol{B}$、$\xi^{m,n}\boldsymbol{C}$、β、$\boldsymbol{I}^{m,n}$和$\boldsymbol{f}^{m,n}$分别视作式(1-108)中的$\boldsymbol{A}$、$\boldsymbol{B}$、$\boldsymbol{C}$、a、$\boldsymbol{u}$和$\boldsymbol{f}$再求解。而这个过程需要$2(N_x^2+N_y^2+N_z^2)(N_\varphi+1)(N_\theta+1)$个内存单元存储这些系数矩阵,执行$3(N_\varphi+1)(N_\theta+1)$次 Schur 分解,相应的计算量达到了$3(2+4\ell)(N_x^3+N_y^3+N_z^3)(N_\varphi+1)(N_\theta+1)$。可以看到,本节发展的方法在处理系数矩阵时比起他们的方法减少了颇为可观的存储空间和计算量。

另外,对比 Helmholtz 方程的求解,可以发现,与导热和对流相比,在采用配置点谱方法时,求解辐射所多花费的时间不仅来源于辐射强度的高维度,还有部分是由于 Schur 分解法效率低于矩阵对角化法。在耦合问题中,尽管 Schur 分解法可以用于求解导热和对流,但是专门为导热和对流开发基于矩阵对角化法的求解器是有必要的,即我们总是需要为辐射开发和导热及对流不同的求解器。

1.4 谱方法的特点及其在热辐射中的研究现状

1.4.1 谱方法的特点

谱方法和有限差分法及有限元法一样是求解偏微分方程的有力工具。谱方法采用截断级数展开近似，主要特征为采用无限可微的全局光滑正交函数作为基函数，基本思想来源于 Fourier 分析[4,27]。早在 1820 年，Navier 就曾采用正交三角级数求解弹性薄板问题[27]。不过尽管谱方法的思想出现很早，但是谱方法相比有限差分法和有限元法的计算量更大，而且早期的计算机性能不足以充分使用级数展开，因此在很长的一段时间内，谱方法并未流行。直到 20 世纪 70 年代，谱方法才有了更为广泛的应用，其原因有两方面：其一，快速 Fourier 变换（fast Fourier transform，FFT）的出现大大降低了计算级数展开的代价；其二，第四代计算机的性能较之前有了大幅提升。

谱方法除了在相同网格尺度下计算量较大，它的全局特性也使得其对不规则几何形状适应性较差。随着研究的深入，现常将该方法与其他方法结合，如与区域分解法结合、与有限元法结合等，用于处理各类复杂几何问题[27]。

谱方法尽管缺点明显，但优点同样十分突出。谱方法最具吸引力之处是对光滑函数具有“无穷阶”或“指数阶”的收敛特性，只需少量的截断项就能获得合适的精度[27]。在取得相同精度的情况下，谱方法的计算代价一般远低于其他低阶方法如有限差分法、有限体积法和有限元法。得益于它的高阶收敛特性，谱方法在过去的几十年发展十分迅速，在流体力学和传热学中已有较为广泛的应用，常见于各类输运问题中的不稳定性分析[4,28]。甚至在量子力学领域，也有关于该方法的专著问世[29]。而在辐射传热领域，谱方法也逐渐受到关注。

1.4.2 谱方法在热辐射中的研究现状

谱方法结合离散坐标法（谱-离散坐标法）最早由 Vilhena 等[30]引入中子输运的计算中。在他们的工作中，角通量在空间上采用截断 Legendre 多项式展开，得到的方程组再由离散坐标法在角向离散求解。Vilhena 等[30]还尝试证明谱方法对该问题的收敛性，不过 Asadzadeh 和 Kadem[31]认为他们的证明是不完善的。Asadzadeh 和 Kadem[31]在随后的研究中采用 Chebyshev 多项式代替 Legendre 多项式,并给出了更加完善的收敛性证明。

在我国,谱方法应用于求解辐射换热问题的研究才刚刚开始。近年来,李本文和其合作者[32-38]一直致力于采用 CSM 求解均匀以及梯度折射率介质内辐射换热、辐射与其他方式耦合换热问题的研究,从直角坐标系到球坐标系,并将一维问题成功推广到多维,取得了一些重要的研究成果,成功地采用谱方法求解了: ① 一维各向异性散射介质中的辐射换热[32];② 一维梯度折射率介质中的辐射换热[33];③ 一维球面散射介质中的辐射换热[34];④ 一维梯度折射率半透明介质中的辐射与导热耦合换热[35];⑤ 梯度折射率介质内瞬态辐射与导热耦合换热[36];⑥ 梯度折射率介质内平行平板间辐射换热的直接求解[37];⑦ 三维立方腔炉内的辐射换热,并首次成功地开发了一种新的求解三维矩阵方程的求解方法——Schur 分解法(Schur-decomposition),极大地加快了谱方法求解辐射换热的计算速度[25];⑧ 采用改进的 CSM 求解平板间辐射换热[38]。

参考文献

[1] 向新民. 谱方法的数值分析[M]. 北京: 科学出版社,2000.

[2] GOTTLIEB D, ORSZAG S A. Numerical analysis of spectral methods: theory and applications[M]. Philadelphia: Society for Industrial and Applied Mathematics, 1977: 26.

[3] CANUTO C, HUSSAINI M Y, QUARTERONI A, et al. Spectral methods: fundamentals in single domains[M]. Berlin: Springer-Verlag, 2006.

[4] PEYRET R. Spectral methods for incompressible viscous flow[M]. Berlin: Springer-Verlag, 2002.

[5] SHEN J, TANG T, WANG L L. Spectral methods: algorithms, analysis and applications[M]. Berlin: Springer-Verlag, 2011: 41.

[6] FORNBERG B. A Practical guide to pseudospectral methods[M]. Cambridge: Press Syndicate of the University of Cambridge, 1996.

[7] ALESCIO G. Chebyshev spectral method for incompressible viscous flow with boundary layer control via suction or blowing[D]. Cambridge: Massachusetts Institute of Technology, 2006.

[8] 蒋伯诚,周振中,常谦顺,等. 计算物理中的谱方法: FFT 及其应用[M]. 长沙: 湖南科学技术出版社,1989.

[9] SHEN J, TANG T. Spectral and high-order methods with applications[M]. Beijing: Science Press,2006.

[10] TREFETHEN L N. Spectral methods in MATLAB[M]. Philadelphia: Society for

Industrial and Applied Mathematics, 2000.

[11] LAN C H. Radiative combined-mode heat transfer in a multi-dimensional participating medium using spectral methods[D]. Austin: The University of Texas at Austin, 2000.

[12] DAHLQUIST G, BJORCK A. Numerical methods in scientific computing [M]. Philadelphia: Society for Industrial and Applied Mathematics, 2008.

[13] CLENSHAW C W, CURTIS A R. A method for numerical integration on an automatic computer[J]. Numerische Mathematik, 1960, 2(1): 197 - 205.

[14] TREFETHEN L N. Is Gauss quadrature better than Clenshaw-Curtis? [J]. SIAM Review, 2008, 50(1): 67 - 87.

[15] XIANG S. On convergence rates of Fejér and Gauss - Chebyshev quadrature rules[J]. Journal of Mathematical Analysis and Applications, 2013, 405(2): 687 - 699.

[16] COOLEY J W, TUKEY J W. An algorithm for the machine calculation of complex Fourier series[J]. Mathematics of Computation, 1965, 19(90): 297.

[17] TAYLOR T D, HIRSH R S, NADWORNY M M. Comparison of FFT, direct inversion, and conjugate gradient methods for use in pseudo-spectral methods[J]. Computers and Fluids, 1984, 12(1): 1 - 9.

[18] LI B W, CHANG Z R. Comparisons of solving procedures and computation time for fast cosine transformation and matrix multiplication transformation in spectral methods application[J]. Numerical Heat Transfer, Part A: Applications, 2016, 70(4): 384 - 398.

[19] LYNCH R E, RICE J R, THOMAS D H. Direct solution of partial difference equations by tensor product methods[J]. Numerische Mathematik, 1964, 6(1): 185 - 199.

[20] HAIDVOGEL D B, ZANG T. The accurate solution of Poisson's equation expansion in Chebyshev polynomials[J]. Journal of Computational Physics, 1979, 180(2): 167 - 180.

[21] HALDENWANG P. Chebyshev 3 - D spectral and 2 - D pseudospectral solvers for the Helmholtz equation[J]. Journal of Computational Physics, 1984(538): 115 - 128.

[22] EHRENSTEIN U, PEYRET R. A Chebyshev collocation method for the Navier-Stokes equations with application to double-diffusive convection[J]. International Journal for Numerical Methods in Fluids, 1989, 9(4): 427 - 452.

[23] BARTELS R H, STEWART G W. Algorithm 432: solution of the matrix equation AX+XB=C[J]. Communications of the ACM, 1972, 15(9): 820 - 826.

[24] GOLUB G H, NASH S, LOAN C V A N. A Hessenberg-Schur method for the problem AX+XB=C[J]. IEEE Transactions on Automatic Control, 1979, 24(6): 909 - 913.

[25] LI B W, TIAN S, SUN Y S, et al. Schur-decomposition for 3D matrix equations and its application in solving radiative discrete ordinates equations discretized by Chebyshev collocation spectral method[J]. Journal of Computational Physics, 2010, 229(4): 1198 - 1212.

[26] LEWIS E E, MILLER W F. Computational methods of neutron transport[M]. New York: John Wiley & Sons, 1984.

[27] GUO B. Spectral methods and their applications[M]. Singapore: World Scientific, 1998.

[28] GUO W, LABROSSE G, NARAYANAN R. The application of the Chebyshev-spectral method in transport phenomena[M]. Berlin: Springer-Verlag, 2012.

[29] SHIZGAL B. Spectral methods in chemistry and physics[M]. Berlin: Springer-Verlag, 2014.

[30] VILHENA M T, BARICHELLO L B, ZABADAL J R, et al. Solutions to the multidimensional linear transport equation by the spectral method[J]. Progress in Nuclear Energy, 1999, 35(3-4): 275-291.

[31] ASADZADEH M, KADEM A. Chebyshev spectral-SN method for the neutron transport equation[J]. Computers & Mathematics with Applications, 2006, 52: 509-524.

[32] LI B W, SUN Y S, YU Y. Iterative and direct Chebyshev collocation spectral methods for one-dimensional radiative heat transfer[J]. International Journal of Heat and Mass Transfer, 2008, 51(25-26): 5887-5894.

[33] SUN Y S, LI B W. Chebyshev collocation spectral method for one-dimensional radiative heat transfer in graded index[J]. International Journal of Thermal Sciences, 2009, 48(4): 691-698.

[34] LI B W, SUN Y S, ZHANG D W. Chebyshev collocation spectral methods for coupled radiation and conduction in a concentric spherical participating medium[J]. Journal of Heat Transfer, 2009, 131(6): 062701-062709.

[35] SUN Y S, LI B W. Chebyshev collocation spectral approach for combined radiation and conduction heat transfer in one-dimensional semitransparent medium with graded index[J]. International Journal of Heat and Mass Transfer, 2010, 53(7-8): 1491-1497.

[36] SUN Y S, LI B W. Spectral collocation method for transient combined radiation and conduction in an anisotropic scattering slab with graded index[J]. Journal of Heat Transfer, 2010, 132(5): 052701-052709.

[37] SUN Y S, LI B W. A direct spectral collocation method for radiative heat transfer inside a plane-parallel participating medium with a graded index[C]. Antalya: 6th International Symposium on Radiative Transfer, 2010: 51-54.

[38] 孙亚松,李本文.改进的配置点谱方法直接求解平行平板间的辐射传热[J].东北大学学报(自然科学版),2010,31(7):81-85.

第2章 高温介质热辐射的基本原理

在研究参与性介质辐射换热问题时，需要考虑诸多因素，如参与性介质的发射、吸收、散射及光谱特性等对能量传输的影响。如何精确描述诸多因素对辐射换热的影响呢？因此，基于能束在参与性介质内输运过程中能量守恒原理，推导出辐射传递方程用于解决辐射换热问题。现阶段求解辐射换热问题有三种方法：理论分析法、实验研究及数值模拟法等。其中理论分析只适合简单问题，难以扩展到复杂的问题。热辐射一般在高温及真空条件下具有研究意义，但进行相关实验消耗大量资源且难以进行相关实验标定。数值模拟作为理论计算和实验的一种补充，通过高精度的数值方法求解辐射传递方程，并依托计算机技术的快速发展得到推广，对多维复杂辐射传递问题也能够迅速得到数值结果。对此，开发出高精度、普适性的高效热辐射数值求解器是具有十分重要意义的工作。

2.1 高温辐射介质

一般在研究固态或液态表面间的辐射换热情况时，通常认为在表面附近的气体介质对于辐射是无影响的。对于在温度不高且介质性质类似于空气的情况时，这种认定是正确的。但是介质为多原子气体或介质气体处于高温辐射源时，这种认定便会产生较大的误差[1]。例如在工业温度范围内，双原子对称气体都可作为对辐射无影响的介质，但是对于不对称双原子结构以及多原子结构的气体在此时辐射能力相当大，表面周围的介质也参与了辐射能的传递方程[2]。

通常情况下，介质有两种假定情况，即连续性介质和非连续性介质。连续性介质一般多用于传热学与流体力学的研究。介质中的每一个微元体受到的热力作用,都是通过其相接触的微元体传输来的,此时,微元体所受的都为微分作用,其相关描述方程为微分方程。在特殊的情况下,可以将连续性介质的特性应用于辐射介质中。非连续性介质是辐射传热中研究的辐射相干介质,此时,介质摆脱了空间连续性的约束,不仅受到相接触微元体的微元作用,而且可能和介质中任意空间位置的微元体进行能量传递和交换,微元体在此时受到的作用就是积分作用。如果同时存在对流和导热的情况时,此时方程就变为微分积分方程,方程的难度会进一步增大,但是在实际生产生活中非连续性介质应用非常广泛,所以对于高温介质热辐射方程的建立便显得非常重要。

2.2　辐射介质的吸收、散射、发射

2.2.1　吸收

在量子理论上,原子和分子吸收了光子能量后,能级由低能级向高能级进行跃迁的过程称为吸收过程[1]。

单位立体角内的辐射能在分析辐射场时是必须考虑的。我们通常将锥体辐射束所截断的球面积 σ 与球半径 r 的平方之比定义为立体角。立体角的单位用球面度(sr)进行表示。对于表面积是 $4\pi r^2$ 的球,其立体角度为 4π(sr)。

对于一个单色的辐射束,其单色辐射强度为 I_λ,文字表达为:单色辐射能/(时间×立体角×垂直面积)。

如图 2-1 所示,当此单色辐射束中的光子在介质中传播一段路程 ds 后,由于介质对于辐射能的吸收,单色辐射束的能量会产生衰减。

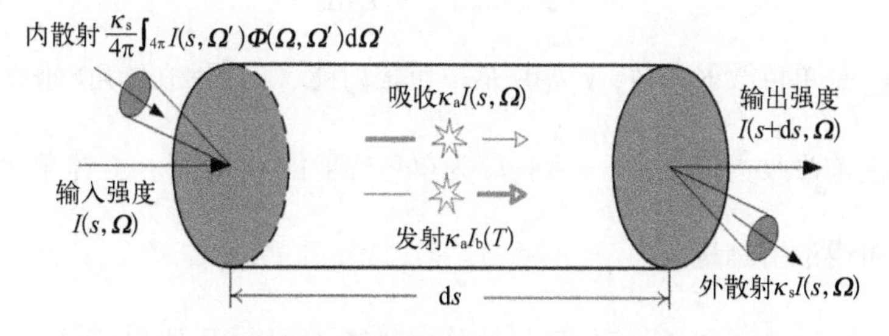

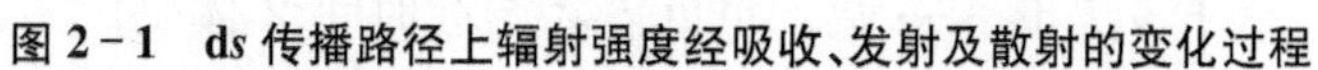
图 2-1　ds 传播路径上辐射强度经吸收、发射及散射的变化过程

此时显然存在两种已知条件,一是被介质所吸收的辐射束能量与辐射强度 I_λ 呈正比;二是与该辐射束透过介质的距离 ds 呈正比。故在这种情况下存在:

$$-(\mathrm{d}I_\lambda)=\kappa_\lambda I_\lambda \mathrm{d}s \tag{2-1}$$

式中,负号表示辐射能衰减; κ_λ 表示单色吸收系数。式(2-1)的右端项可以表示成:

$$\kappa_\lambda I_\lambda \mathrm{d}s\text{—— 单色辐射能/(时间×立体角×垂直面积)}$$

由之前的假设可得每单位可见辐射面积所对应的体积为 $1\times\mathrm{d}s=\mathrm{d}s(\mathrm{cm}^3)$。

$$\frac{\kappa_\lambda I_\lambda \mathrm{d}s}{\mathrm{d}s}=\kappa_\lambda I_\lambda\text{—— 单色辐射能/(时间×立体角×体积)}$$

积分后得吸收总量:

$$\int_{4\pi}\kappa_\lambda I_\lambda \mathrm{d}\omega\text{—— 局部单色辐射能/(时间×体积)}$$

2.2.2 散射

光子碰到气体中的分子或悬浮粒子后,其传播方向发生了变化,这种变化的过程称为散射[1]。根据在介质中所碰到的微粒不同,散射又可分为分子散射和微粒散射。分子散射又称 Rayleigh 散射,是由于光子在碰到气体介质中的分子后,其传播方向发生了变化的情况。微粒散射是由于光子在碰到气体介质中的微粒后,其传播方向发生了变化的情况。

散射与吸收相比较,有着类似的情况:

$$-(\mathrm{d}I_\lambda)=\gamma_\lambda I_\lambda \mathrm{d}s \tag{2-2}$$

式中, γ_λ 是单色散射系数; $\gamma_\lambda I_\lambda \mathrm{d}s$ 是单色辐射能/(时间×立体角×垂直面积)。

与之前吸收类似, $\dfrac{\gamma_\lambda I_\lambda \mathrm{d}s}{\mathrm{d}s}=\gamma_\lambda I_\lambda$ 为单色辐射能/(时间×立体角×体积),积分后可得散射总量:

$$\int_{4\pi}\gamma_\lambda I_\lambda \mathrm{d}\omega\text{—— 局部单色辐射能/(时间×体积)}$$

2.2.3　发射

在量子理论上,原子和分子发射了光子能量后,能级由高能级向低能级进行跃迁的过程称为发射过程[1]。

由式(2-1)和式(2-2)可推得,微元体自身发射的辐射能为

$$(\mathrm{d}I_\lambda) = \boldsymbol{i}_\lambda \mathrm{d}s = \kappa_\lambda \boldsymbol{i}_{\mathrm{b}\lambda} \mathrm{d}s \tag{2-3}$$

此处将辐射介质薄层内发射的辐射能固体表面发射的辐射能,采用同一种办法进行处理。对于固体表面,$\boldsymbol{i}_\lambda = \boldsymbol{\varepsilon}_\lambda \boldsymbol{i}_{\mathrm{b}\lambda}$,同时根据基尔霍夫(Kirchhoff)定律可知单色发射率 $\boldsymbol{\varepsilon}_\lambda$ 与单色吸收率 α_λ 近似相等。由兰贝特(Lambert)定律得:$\boldsymbol{e}_{\mathrm{b}\lambda} = \pi \boldsymbol{i}_{\mathrm{b}\lambda}$。此外,在介质中发射能量的多少还应该与薄层中的分子数目呈正比,而分子数目的多少可由路程 ds 与分子密度来决定。分子密度是介质的物性参数,应包含在体积吸收系数 κ_λ 中。于是便可推得

$$(\mathrm{d}I_\lambda) = \kappa_\lambda \frac{\boldsymbol{e}_{\mathrm{b}\lambda}}{\pi}\mathrm{d}s \text{—— 单色辐射能/(时间×立体角×垂直面积)}$$

与之前推导同理有

$$\kappa_\lambda \frac{\boldsymbol{e}_{\mathrm{b}\lambda}}{\pi} \text{—— 单色辐射能/(时间×立体角×体积)}$$

若介质为各向同性,则 κ_λ 与方向无关,即有

$$\int_{4\pi} \kappa_\lambda \boldsymbol{i}_{\mathrm{b}\lambda} \mathrm{d}\omega = \kappa_\lambda \int_{4\pi} \frac{\boldsymbol{e}_{\mathrm{b}\lambda}}{\pi} \mathrm{d}\omega = 4\kappa_\lambda \boldsymbol{e}_{\mathrm{b}\lambda} \tag{2-4}$$

式中,$4\kappa_\lambda \boldsymbol{e}_{\mathrm{b}\lambda}$ 是局部单色辐射能/(时间×体积)。

2.3　辐射传递方程

对于介质辐射换热,从工业角度来看,它与表面辐射换热主要有以下三点不同[3]。

(1) 在大多数情况下,介质辐射的选择性要比表面辐射显著,例如,大部分气体的辐射光谱是不连续的,而绝大多数不透明固体表面的辐射光谱是连续的。

（2）在介质辐射中，除吸收和发射外，常需要考虑散射。散射是指射线通过介质时，方向发生改变的现象。按照散射后各个方向上辐射能是否相同，可将散射分为各向同性散射和各向异性散射。

（3）介质中的吸收、发射和散射是在整个容积内进行的，也就是说沿着整个射线行程进行的，这就称为介质辐射的容积特性，也称沿程性。

从以上几点可以看出，介质辐射与表面辐射从本质上看是相同的，但是介质辐射在计算过程中要比表面辐射更加复杂，需考虑的因素更多。

2.3.1 辐射传递方程的微积分形式及边界条件

如图 2－2 所示，在求解介质辐射换热问题中，主要控制方程为辐射传递方程。它表示在空间微元体内沿光线的某一传播方向上的一束射线的能量守恒方程，也描述辐射能量在参与性介质中传递时，能量的发射、吸收和散射以及穿透的相互关系。辐射传递方程可以写成如下通用形式：

$$
\begin{aligned}
n^2 \frac{\mathrm{d}}{\mathrm{d}s}\left[\frac{I_\lambda(\boldsymbol{r}, \boldsymbol{\Omega})}{n^2}\right] = &-(\kappa_{\mathrm{a},\lambda} + \kappa_{\mathrm{s},\lambda}) I_\lambda(\boldsymbol{r}, \boldsymbol{\Omega}) + n^2 \kappa_{\mathrm{a},\lambda} I_{\mathrm{b},\lambda}(\boldsymbol{r}) \\
&+ \frac{\kappa_{\mathrm{s},\lambda}}{4\pi}\int_{4\pi} I_\lambda(\boldsymbol{r}, \boldsymbol{\Omega}') \Phi_\lambda(\boldsymbol{\Omega}, \boldsymbol{\Omega}') \mathrm{d}\boldsymbol{\Omega}'
\end{aligned}
\tag{2-5}
$$

式中，n 是介质的折射率，与空间的位置有关；$I_\lambda(\boldsymbol{r}, \boldsymbol{\Omega})$ 是光谱辐射强度，是空间位置 $\boldsymbol{r}$ 和方向 $\boldsymbol{\Omega}$ 的函数，单位为 $\mathrm{W/(m^2 \cdot sr \cdot \mu m)}$；$s$ 是光线传播的距离，单

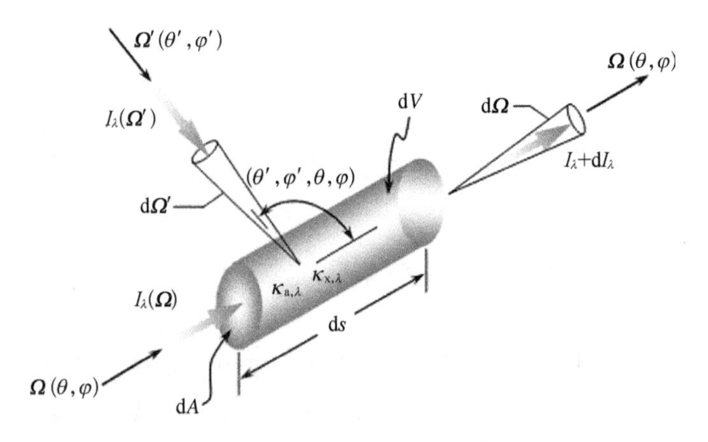

图 2－2 辐射传递方程的示意图

位为 m；$I_{b,\lambda}(\boldsymbol{r})$ 是在介质温度下的光谱黑体辐射强度，单位为 W/(m^2 · sr · μm)；$\kappa_{a,\lambda}$ 和 $\kappa_{s,\lambda}$ 分别表示介质的光谱吸收系数和散射系数，单位为 m^{-1}；$\Phi_\lambda(\boldsymbol{\Omega}, \boldsymbol{\Omega}')$ 是从入射方向 $\boldsymbol{\Omega}'$ 到出射方向 $\boldsymbol{\Omega}$ 的散射相函数。

在式(2-5)中，等式左边项表示沿射线方向上单位行程内辐射强度的变化，右边第一项表示由于介质的吸收和散射而造成的辐射强度的衰减，第二项表示因介质的发射而造成该方向上产生的辐射强度的增强，第三项表示其他方向的辐射能被散射到该方向而对辐射强度的贡献。

对于非灰介质，介质的辐射特性可以通过平均当量参数法或谱带近似法(谱带模型)进行处理。在方法实施过程中，可以将非灰介质辐射传热问题看作若干个频率(或频谱)辐射能传输子问题的叠加，因而可将灰介质内辐射换热问题的求解方法推广到非灰介质。本书要讨论用数值方法求解辐射传输问题的准确性和有效性，参与性介质看作是灰体，因而在后面的表述中将光谱符号拿掉。式(2-1)中，辐射强度沿着光线轨迹的微分算子可以展开为

$$n^2 \frac{\mathrm{d}}{\mathrm{d}s}\left[\frac{I}{n^2}\right] = \frac{1}{c}\frac{\partial I}{\partial t} + n^2 \frac{\partial}{\partial s}\left[\frac{I}{n^2}\right] \tag{2-6}$$

式(2-6)中，右边第一项为瞬态项，其中，c 为光速。在大多数工程应用中，光速 c 远远大于空间尺度 L，因而辐射传输的时间尺度 (L/c) 很小。所以，通常将辐射传热问题看作稳态过程，即忽略式(2-6)中瞬态项。

根据式(2-5)和式(2-6)，稳态形式的辐射传递方程可以写成如下形式：

$$\begin{aligned} n^2 \frac{\partial}{\partial s}\left[\frac{I(\boldsymbol{r}, \boldsymbol{\Omega})}{n^2}\right] = &-(\kappa_a + \kappa_s) I(\boldsymbol{r}, \boldsymbol{\Omega}) + n^2 \kappa_a I_b(\boldsymbol{r}) \\ &+ \frac{\kappa_s}{4\pi}\int_{4\pi} I(\boldsymbol{r}, \boldsymbol{\Omega}')\Phi(\boldsymbol{\Omega}, \boldsymbol{\Omega}')\mathrm{d}\boldsymbol{\Omega}' \end{aligned} \tag{2-7}$$

辐射传递方程是描述辐射换热过程共性的数学表达式。对辐射换热求解，实质上归结为对辐射传递方程的求解。为了获得某一具体辐射换热问题的辐射强度分布，还必须给出用以表征该特定问题的一些附加条件。这些使微分方程获得适合某一特定问题解的附加条件，称为定解条件。

对于稳态辐射换热问题，定解条件有两个方面，即界面的辐射特性和边界上温度或换热情况的边界条件(boundary condition)。

界面的辐射特性通常包括两个方面：反射特性和透射特性。界面的反射特性可分为漫反射、镜反射、部分漫反射、部分镜反射；透射特性可分为透明界面、不透明界面、半透明界面。透明界面是指在某一波段范围内光谱透射率 $\gamma_\lambda = 1$，即光谱辐射几乎全部透过的界面；不透明界面是指不透明固体表面或吸收系数极大的介质表面，通过该界面的光谱辐射几乎全部被吸收或反射；半透明界面是指光谱辐射一部分透过、一部分被吸收、一部分被反射的界面。

辐射换热边界条件可归纳为以下四类[4]。

第一类边界条件：给定界面的温度 T_w 和界面内侧的辐射特性 ρ_λ，通常仅适用于不透明边界。对于此类边界，已知 ρ_λ，可以求出 ε_λ 和 α_λ。

第二类边界条件：给定壁面热流密度 q_w、界面内侧的辐射特性 ρ_λ，适用于不透明、半透明和透明界面。对于不透明界面，已知 ρ_λ，可以求出 ε_λ 和 α_λ。对于半透明或透明界面，若采用计算域离散的外节点法，由已知的光谱吸收系数 $\kappa_{a,\lambda}$，可计算光谱吸收率 α_λ，进而求出光谱透射率 γ_λ；如采用计算域离散的内节点法，则由 ρ_λ 即可求出 γ_λ。

第三类边界条件：给定换热系数 h、环境（界面外侧相邻介质）温度 T_0 及界面内侧的辐射特性 ρ_λ，适用于不透明、透明和半透明界面。

第四类边界条件：又称辐射对流边界条件，给定换热系数 h、环境（界面外侧相邻介质）温度 T_0、界面外侧辐射源的温度 T_∞ 和界面内外两侧的光谱辐射特性 ρ_λ，适用于不透明、透明和半透明界面。

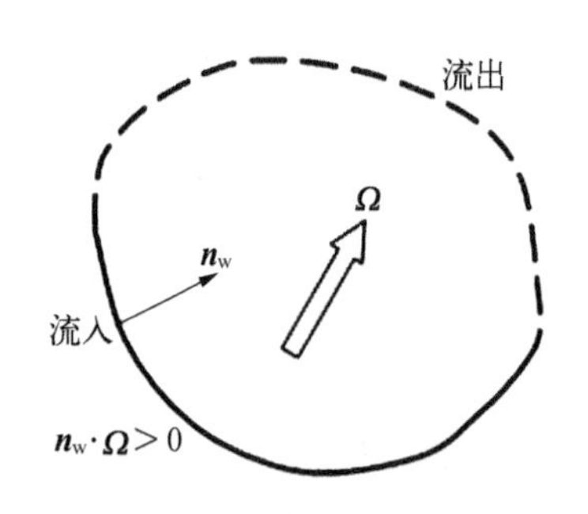

图 2-3　辐射传递方程边界条件示意图

辐射换热边界条件除了上述的四类边界条件外，对于半透明或透明界面，还需给出界面外侧介质的光谱折射率 $n_{0,\lambda}$。

本章主要考虑不透明、漫发射及漫反射边界壁面。对于这一类型的壁面，如图 2-3 所示，相应的辐射边界条件为

$$I(\boldsymbol{r}_w, \boldsymbol{\Omega}) = n^2\varepsilon_w I_b(\boldsymbol{r}_w) + \frac{1-\varepsilon_w}{\pi}\int_{\boldsymbol{n}_w\cdot\boldsymbol{\Omega}'<0} I(\boldsymbol{r}_w, \boldsymbol{\Omega}')\,|\,\boldsymbol{n}_w\cdot\boldsymbol{\Omega}'\,|\,\mathrm{d}\boldsymbol{\Omega}',\quad \boldsymbol{n}_w\cdot\boldsymbol{\Omega}>0 \tag{2-8}$$

式中，下标 w 表示壁面；ε_w 为壁面的发射率；$\boldsymbol{n}_w$ 为垂直于壁面的单位法向量。

2.3.2 均匀介质中辐射传递方程的分量形式

辐射传递方程是描述辐射在传播方向上的能量守恒方程,是热辐射计算的基础。辐射传递方程对热辐射计算的重要性不亚于 Navier - Stokes 方程之于计算流体力学,并且它的重要性不仅体现在数值模拟研究中,还体现在实验研究中:许多设备系统的设计[5]以及通过实验测量数据进行反演[6,7]都离不开对辐射传递方程进行求解分析。

在分析辐射传热的过程中,一般假设介质为准静态(即介质运动速率远小于光速)、非偏振状态和局部热力学平衡状态,介质的折射率为均匀分布,介质的散射为弹性散射(即散射过程中辐射的波长保持不变)。这些假设对于大多数情况都是合理的,当然也有其局限性。关于这些假设的适用范围在文献[8]中有较为详细地讨论。另外,辐射是以光速传播的,要比导热和对流的传播快得多。除非是对于纳秒级的短脉冲激光等需要考虑瞬态辐射效应的情形,否则辐射都可以作为稳态处理。基于上述处理,可以得到传统热辐射计算中需要求解的辐射传递方程[9]:

$$\frac{\mathrm{d}I_\lambda(\hat{s},\ \boldsymbol{\Omega}')}{\mathrm{d}\hat{s}} = -[\kappa_{\mathrm{a},\lambda}(\hat{s}) + \kappa_{\mathrm{s},\lambda}(\hat{s})]I_\lambda(\hat{s},\ \boldsymbol{\Omega}) + \kappa_{\mathrm{a},\lambda}(\hat{s})I_{\mathrm{b},\lambda}(\hat{s}) + \frac{\kappa_{\mathrm{s},\lambda}(\hat{s})}{4\pi}\int_{4\pi} I_\lambda(\hat{s},\ \boldsymbol{\Omega}')\Phi_\lambda(\boldsymbol{\Omega},\ \boldsymbol{\Omega}')\mathrm{d}\boldsymbol{\Omega}' \tag{2-9}$$

式中,下标 λ 为波长,方便起见,后文中将省去该下标;$I(\hat{s},\ \boldsymbol{\Omega})$ 为在空间位置 $\hat{s}$ 沿传播方向 $\boldsymbol{\Omega}$ 的辐射强度;I_b 为黑体辐射强度;κ_a 和 κ_s 分别为吸收系数和散射系数;$\Phi(\boldsymbol{\Omega},\ \boldsymbol{\Omega}')$ 为从入射方向 $\boldsymbol{\Omega}'$ 到出射方向 $\boldsymbol{\Omega}$ 的散射相函数;$\boldsymbol{\Omega}$ 为立体角。式(2-9)左边第一项代表的是在点 $\hat{s}$ 沿传播方向 $\boldsymbol{\Omega}$ 通过距离 $\mathrm{d}\hat{s}$ 后增加的辐射强度值;式(2-9)右边第一项代表的是由于介质吸收和散射而减少的辐射强度值,第二项代表的是由于介质发射而增加的辐射强度值,第三项代表的是由其他方向散射至 $\boldsymbol{\Omega}$ 方向而增加的辐射强度值,如图 2-4 所示。式(2-9)右边最后两项可以用源函数(source function)

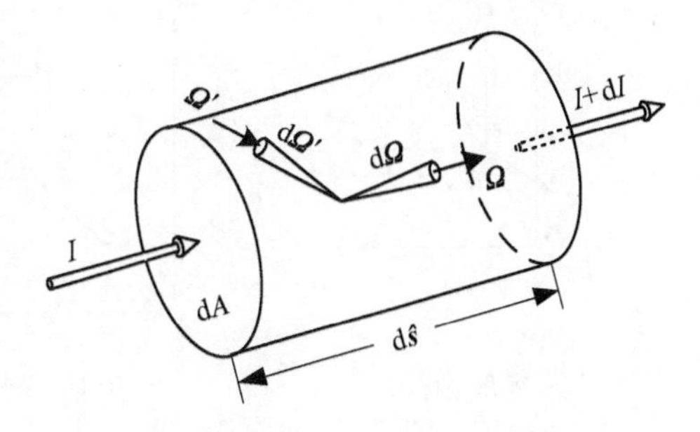

图 2-4 辐射在参与性介质中传播示意图

代替，

$$S(\hat{s}, \boldsymbol{\Omega}) = [1 - \omega(\hat{s})] I_b(\hat{s}) + \frac{\omega(\hat{s})}{4\pi}\int_{4\pi} I(\hat{s}, \boldsymbol{\Omega}')\Phi(\boldsymbol{\Omega}, \boldsymbol{\Omega}')\mathrm{d}\boldsymbol{\Omega}' \tag{2-10}$$

式中，ω 为散射反照率，$\omega = \kappa_s/(\kappa_a + \kappa_s) = \kappa_s/\beta$，$\beta$ 为衰减系数。

对于线性各向异性散射，

$$\Phi(\boldsymbol{\Omega}, \boldsymbol{\Omega}') = 1 + a_1(\mu'\mu + \eta'\eta + \xi'\xi) \tag{2-11}$$

式中，μ、η 和 ξ 为方向余弦；a_1 为线性各向异性程度，a_1 取为零时为各向同性散射。需要注意，根据散射相函数的定义，若需在物理上有意义，则其应当满足 $\Phi(\boldsymbol{\Omega}, \boldsymbol{\Omega}') \geqslant 0$，据此可以得到 $a_1 \in [-1, 1]$。不过，即便 $\Phi(\boldsymbol{\Omega}, \boldsymbol{\Omega}') < 0$ 也可以得到在数学上有意义的解，因此可以发现文献[10-12]中 a_1 的取值范围会超出合理区间 $[-1, 1]$。

如图 2-5 和图 2-6 所示，辐射传播方向和方向余弦之间满足以下关系：

$$\boldsymbol{\Omega} = \boldsymbol{e}_x\mu + \boldsymbol{e}_y\eta + \boldsymbol{e}_z\xi = \boldsymbol{e}_x\sin\theta\cos\varphi + \boldsymbol{e}_y\sin\theta\sin\varphi + \boldsymbol{e}_z\cos\theta \tag{2-12a}$$

或

$$\boldsymbol{\Omega} = \boldsymbol{e}_r\mu + \boldsymbol{e}_\Psi\eta + \boldsymbol{e}_z\xi = \boldsymbol{e}_r\sin\theta\cos\varphi + \boldsymbol{e}_\Psi\sin\theta\sin\varphi + \boldsymbol{e}_z\cos\theta \tag{2-12b}$$

式中，$\boldsymbol{e}$ 为沿坐标轴方向的单位向量，下标 $x-y-z$ 和 $r-\Psi-z$ 分别代表直角坐标系统和圆柱坐标系统；φ 和 θ 分别为周向角（经度角，或称圆周角）和极角（纬度角，或称天顶角），并且与立体角之间满足 $\mathrm{d}\boldsymbol{\Omega} = \sin\theta\mathrm{d}\theta\mathrm{d}\varphi$。

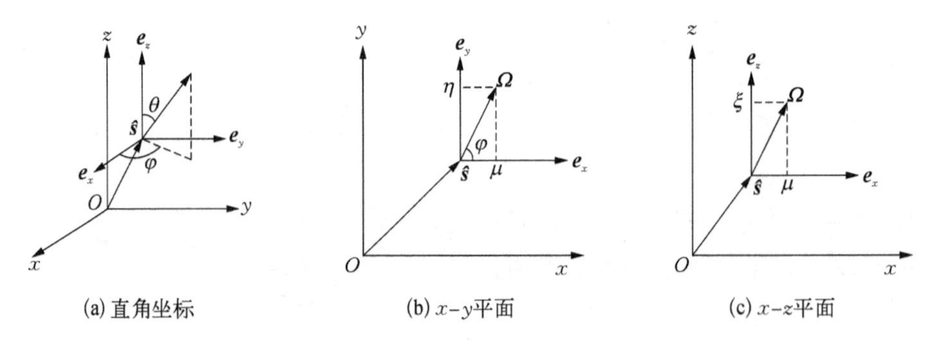

图 2-5　直角坐标系统空间位置和传播方向的投影示意图

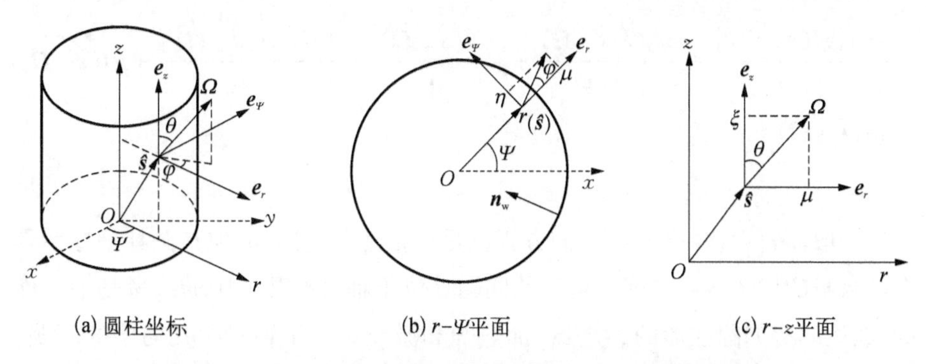

(a) 圆柱坐标　　(b) $r-\Psi$平面　　(c) $r-z$平面

图 2－6　圆柱坐标系统空间位置和传播方向的投影示意图

为了求解辐射传递方程(2－9)还需边界条件。一般情况下,为减少计算会将边界简化为漫射灰表面。不透明的漫射灰表面上的辐射强度值可由下式得出:

$$I(\hat{s}_w, \boldsymbol{\Omega}) = \varepsilon_w(\hat{s}_w) I_{b,w}(\hat{s}_w) + \frac{1-\varepsilon_w}{\pi}\int_{n_w \cdot \boldsymbol{\Omega}' < 0} I(\hat{s}_w, \boldsymbol{\Omega}') \mid \boldsymbol{n}_w \cdot \boldsymbol{\Omega}' \mid d\boldsymbol{\Omega}', \quad \boldsymbol{n}_w \cdot \boldsymbol{\Omega} \geqslant 0 \tag{2-13}$$

式中,下标 w 代表壁面; ε_w 为壁面的发射率; $\boldsymbol{n}_w$ 为垂直于壁面的单位法向量。在一些场合,如光谱发生定向反射以及发射率随波长变化的情况下,该简化可能会导致较大的误差,关于这个的讨论和处理可以参考文献[13]。

将方程(2－9)中的微分项展开,可以得到: 在直角坐标系下,

$$\mu \frac{\partial I(\hat{s}, \boldsymbol{\Omega})}{\partial x} + \eta \frac{\partial I(\hat{s}, \boldsymbol{\Omega})}{\partial y} + \xi \frac{\partial I(\hat{s}, \boldsymbol{\Omega})}{\partial z} + \beta I(\hat{s}, \boldsymbol{\Omega}) = \beta S(\hat{s}, \boldsymbol{\Omega}) \tag{2-14}$$

在圆柱坐标系下,

$$\mu \frac{\partial I(\hat{s}, \boldsymbol{\Omega})}{\partial r} + \frac{\eta}{r} \frac{\partial I(\hat{s}, \boldsymbol{\Omega})}{\partial \Psi} + \xi \frac{\partial I(\hat{s}, \boldsymbol{\Omega})}{\partial z} - \frac{\eta}{r} \frac{\partial I(\hat{s}, \boldsymbol{\Omega})}{\partial \varphi} + \beta I(\hat{s}, \boldsymbol{\Omega}) = \beta S(\hat{s}, \boldsymbol{\Omega}) \tag{2-15a}$$

或写作守恒形式,

$$\frac{\mu}{r}\frac{\partial[rI(\hat{s},\boldsymbol{\Omega})]}{\partial r}+\frac{\eta}{r}\frac{\partial I(\hat{s},\boldsymbol{\Omega})}{\partial \Psi}+\xi\frac{\partial I(\hat{s},\boldsymbol{\Omega})}{\partial z}-\frac{1}{r}\frac{\partial[\eta I(\hat{s},\boldsymbol{\Omega})]}{\partial \varphi}+\beta I(\hat{s},\boldsymbol{\Omega})$$
$$=\beta S(\hat{s},\boldsymbol{\Omega}) \tag{2-15b}$$

一般而言,直角坐标系下的方程已足以描述各类问题,但是圆柱坐标系具有其自身的优势。有许多辐射传热问题是位于轴对称几何中的或者是轴对称的,典型的有如圆柱形的燃烧器、加热炉和激光。对于轴对称几何中的问题,圆柱坐标系可以更简单和准确地描述其边界条件。对于轴对称的问题,圆柱坐标系下的求解更为简单,该类问题在圆柱坐标系下为二维,在直角坐标系下却为三维。因此,虽然直角坐标系下的研究更为广泛,但是圆柱坐标系下的研究同样重要。

不过,采用圆柱坐标系也会引入新的困难。与直角坐标系下的方程相比,圆柱坐标系下的辐射传递方程多出一项与周向角 φ 相关的偏微分项,即角向偏微分项(或称角向再分布项)。另外还有一点不同,方程在半径为零处是奇异的。基于这些原因,各种求解方法一般先在直角坐标系中开发,而后逐渐推广到圆柱坐标系。

参考文献

[1] 刘伟,周怀春,杨昆,等.辐射介质传热[M].北京:中国电力出版社,2009.
[2] 杨世铭,陶文铨.传热学[M].北京:高等教育出版社,2006.
[3] 余其铮.辐射换热原理[M].哈尔滨:哈尔滨工业大学出版社,2000.
[4] 谈和平,夏新林,刘林华,等.红外辐射特性与传输的数值计算——计算热辐射学[M].哈尔滨:哈尔滨工业大学出版社,2006.
[5] RUKOLAINE S A Ã. Regularization of inverse boundary design radiative heat transfer problems[J]. Journal of Quantitative Spectroscopy and Radiative Transfer, 2007, 104: 171-195.
[6] 赵晓旭,刘晓建,高开强.基于辐射传导方程法的地表温度反演[J].北京测绘,2017,3:203-209.
[7] 吴志义,李佳玉.各向异性介质辐射特性参数联合反演[J].光散射学报,2017,29(3):203-209.
[8] VISKANTA R, MENGÜÇ M P. Radiation heat transfer in combustion systems[J]. Progress in Energy and Combustion Science, 1987, 13(2): 97-160.
[9] MODEST M F. Radiative heat transfer[M]. San Diego: Academic Press, 2003.
[10] ABULWAFA E M, ATTIA M T. Pomraning-Eddington approximation for radiative

transfer in a homogeneous solid cylinder[J]. Waves in Random Media, 1999, 9(1): 37-52.

[11] ABULWAFA E M, ATTIA M T. Radiative transfer in inhomogeneous solid cylinder with anisotropic scattering using Galerkin method[J]. Journal of Quantitative Spectroscopy and Radiative Transfer, 2000, 66(5): 487-500.

[12] ALTA C Z. Radiative transfer in absorbing, emitting and linearly anisotropic-scattering inhomogeneous cylindrical medium [J]. Journal of Quantitative Spectroscopy and Radiative Transfer, 2003, 77(2): 177-192.

[13] HOWELL J R, ROBERT S, MENGÜÇ M P. Thermal radiation heat transfer[M]. Boca Raton: CRC Press, 2010.

第3章 基于谱方法的直角坐标系下高温介质热辐射分析

在工程实际中,存在很多吸收、发射及散射半透明介质的辐射换热问题,其控制方程为辐射传递方程。由于辐射传递方程可以看作一个特殊的具有强对流特性的对流扩散方程,其求解过程复杂且耗时。本章首先发展了一种基于矩阵相乘的CSM求解直角坐标系下吸收、发射和散射介质内的辐射换热问题,通过对三组不同算例的分析、求解,验证了该方法在求解直角坐标系下辐射传递方程的高精度、高效率且数值稳定的特性。然后将此方法推广到求解球坐标系下的辐射换热问题,研究了该方法求解球坐标系下参与性介质的辐射换热的数值特性。

3.1 直角坐标系下辐射换热问题的CSM求解

本节中,我们将详细介绍采用CSM求解直角坐标系下辐射传递方程的基本步骤。实际上,当前的CSM计算辐射换热模型是以离散坐标形式的辐射传递方程和基于矩阵相乘的CSM理论为基础的。因此,我们将从辐射传递方程的离散坐标形式开始,说明如何采用CSM对辐射传递方程进行离散。在详细的CSM离散公式推导之后,我们将通过一组具有精确解的一维辐射换热问题算例,分析采用CSM求解当辐射强度发生剧烈变化时的辐射传递问题的数值稳定性。然后,通过对一个二维正方形封腔内辐射换热算例,比较不同的空间和立体角离散数目对计算精度的影响,并通过与相关文献中的数据进行对比,验证CSM求解直角坐标系下辐射传递方程的准确性。最后,通过对一个三维理想炉膛内的辐射换热算例,分别采用CSM和DOM进行计算,说明

CSM 求解三维辐射换热问题的可行性，并将两种方法求解该类问题时的迭代次数和计算时间进行比较，证明了在相同的条件下 CSM 的计算效率要高于 DOM。

3.1.1 直角坐标系下辐射换热问题的控制方程

参与性介质内的辐射换热主要包括吸收、发射和散射三种过程。如图 3-1 所示，其控制方程在直角坐标系下可写为

$$\mu\frac{\partial I}{\partial x}+\eta\frac{\partial I}{\partial y}+\xi\frac{\partial I}{\partial z}=-(\kappa_{\mathrm{a}}+\kappa_{\mathrm{s}})I+\kappa_{\mathrm{a}}I_{\mathrm{b}}+\frac{\kappa_{\mathrm{s}}}{4\pi}\int_{4\pi}I(\boldsymbol{r},\boldsymbol{\Omega}')\Phi(\boldsymbol{\Omega},\boldsymbol{\Omega}')\mathrm{d}\boldsymbol{\Omega}' \tag{3-1}$$

式中，μ、η 及 ξ 分别为单位方向矢量 $\boldsymbol{\Omega}$ 在局部坐标系 e_x、e_y 及 e_z 三个坐标轴上的投影，具体值分别为

$$\mu=\sin\theta\cos\varphi \tag{3-2}$$

$$\eta=\sin\theta\sin\varphi \tag{3-3}$$

$$\xi=\cos\theta \tag{3-4}$$

式中，θ 和 φ 分别是天顶角与方位角。

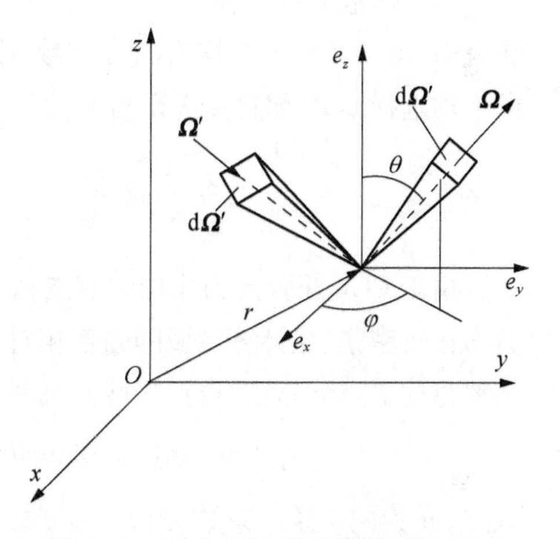

图 3-1 直角坐标系下辐射传递示意图

为了求解式(3-1)，角度的相关性必须首先被移除。与传统的 DOM 类似，将整个 4π 空间立体角离散为一系列的离散方向，并用数值积分代替入射散射积分项，得到在 $\boldsymbol{\Omega}^m$ 方向上的离散坐标形式的辐射传递方程：

$$\begin{aligned}&\mu^m\frac{\partial I^m}{\partial x}+\eta^m\frac{\partial I^m}{\partial y}+\xi^m\frac{\partial I^m}{\partial z}-\frac{\kappa_{\mathrm{s}}}{4\pi}\Phi^{m,m}w^m I^m\\&=-(\kappa_{\mathrm{a}}+\kappa_{\mathrm{s}})I^m+\kappa_{\mathrm{a}}I_{\mathrm{b}}+\frac{\kappa_{\mathrm{s}}}{4\pi}\sum_{\substack{m'=1,\\m'\neq m}}^{M}I^{m'}\Phi^{m,m'}w^{m'}\end{aligned} \tag{3-5}$$

对不透明、漫发射、漫反射边界壁面(下标 w 表示壁面)，相应的辐射边界条件可写成如下离散坐标形式：

$$I^m(r_w) = \varepsilon_w I_b(r_w) + \frac{1-\varepsilon_w}{\pi} \sum_{n_w \cdot \boldsymbol{\Omega}^{m'} < 0} I^{m'}(r_w) \mid \boldsymbol{n}_w \cdot \boldsymbol{\Omega}^{m'} \mid w^{m'}, \quad \boldsymbol{n}_w \cdot \boldsymbol{\Omega}^m > 0 \tag{3-6}$$

式中，μ^m、η^m、ξ^m 分别表示离散方向 $\boldsymbol{\Omega}^m$ 在 x、y、z 轴上的投影，即 $\boldsymbol{\Omega}^m = \boldsymbol{i}\mu^m + \boldsymbol{j}\eta^m + \boldsymbol{k}\xi^m$；$w^{m'}$ 表示 $\boldsymbol{\Omega}^{m'}$ 方向上的立体角权值；$\boldsymbol{n}_w$ 为垂直于壁面的单位法向量。

式(3-5)是一个关于 I^m 的偏微分方程，可以用有限差分法、有限体积法或有限元法求解，当然也可以用 CSM 进行求解。

3.1.2 辐射传递方程的 CSM 离散及其边界条件的引入

对于离散坐标方程(3-5)，在空间区域内采用 CSM 进行求解。在本章的研究中，由于计算区域均为闭合区域，根据 2.3.2 节中的介绍，对所有空间方向上均选择 CGL 配置点进行离散，即

$$S_i = \cos\frac{\pi i}{N}, \qquad i = 0, 1, \cdots, N \tag{3-7}$$

由于 CGL 配置点为非均匀节点，它的分布规律为：在计算区域的边界处分布比较密集，在计算区域的内部相对稀疏。有时为了获得更好的计算结果，需要将配置点分布进行特殊处理[1]，具体转换公式为

$$r_i = \arcsin(\alpha s_i)/\arcsin\alpha, \quad i = 0, 1, \cdots, N \tag{3-8}$$

式中，α 为网格条件系数，当 $\alpha \to 0$ 时，$r \to s$；当 $\alpha \to 1$ 时，r 趋近于均匀网格。

采用 CGL 配置点谱方法进行求解时，求解变量均须在[-1, 1]的标准计算区域内。对于实际问题，须将任意物理空间 $\{\boldsymbol{D}: (x, y, z) \in [X_1, X_2] \times [Y_1, Y_2] \times [Z_1, Z_2]\}$ 转换到标准计算区域 $\{\boldsymbol{D}: (r_x, r_y, r_z) \in [-1, 1] \times [-1, 1] \times [-1, 1]\}$。具体转换公式如下：

$$\begin{cases} r_x = \dfrac{2x - (X_2 + X_1)}{(X_2 - X_1)}, & x \in [X_1, X_2] \\[2ex] r_y = \dfrac{2y - (Y_2 + Y_1)}{(Y_2 - Y_1)}, & y \in [Y_1, Y_2] \\[2ex] r_z = \dfrac{2z - (Z_2 + Z_1)}{(Z_2 - Z_1)}, & z \in [Z_1, Z_2] \end{cases} \tag{3-9}$$

此时,式(3－5)可以改写为

$$\mu^m\left(\frac{2}{X_2-X_1}\right)\left(\frac{\arcsin\alpha_x}{\alpha_x}\right)\sqrt{1-(\alpha_x s_x)^2}\,\frac{\partial I^m}{\partial s_x}$$
$$+\eta^m\left(\frac{2}{Y_2-Y_1}\right)\left(\frac{\arcsin\alpha_y}{\alpha_y}\right)\sqrt{1-(\alpha_y s_y)^2}\,\frac{\partial I^m}{\partial s_y}$$
$$+\xi^m\left(\frac{2}{Z_2-Z_1}\right)\left(\frac{\arcsin\alpha_z}{\alpha_z}\right)\sqrt{1-(\alpha_z s_z)^2}\,\frac{\partial I^m}{\partial s_z}+\left(\kappa_a+\kappa_s-\frac{\kappa_s}{4\pi}\Phi^{m,m}w^m\right)I^m$$
$$=\kappa_a I_b+\frac{\kappa_s}{4\pi}\sum_{\substack{m'=1,\\ m'\neq m}}^{M} I^{m'}\Phi^{m,m'}w^{m'} \tag{3-10}$$

在每个离散方向 $\boldsymbol{\Omega}^m$ 上,使用 CSM,将任意配置点上的辐射强度通过对整个计算区域内各配置点上的辐射强度进行 Lagrange 插值近似得到,即

$$I^m(r_x,r_y,r_z)=\sum_{i=0}^{N_x}\sum_{j=0}^{N_y}\sum_{k=0}^{N_z} I^m(r_{x,i},r_{y,j},r_{z,k})h_i(r_x)h_j(r_y)h_k(r_z) \tag{3-11}$$

式中,N_x、N_y 和 N_z 分别为 r_x、r_y 和 r_z 方向上离散的配置点数;$h_i(r_x)$、$h_j(r_y)$ 和 $h_k(r_z)$ 分别为在 r_x、r_y 和 r_z 方向上的 Lagrange 差值多项式。

采用基于矩阵相乘的 CSM 方法离散方程(3－10),将其中的偏导数算子用离散的导数矩阵代替,则方程(3－10)可改写为

$$\sum_{l=0}^{N_x}\boldsymbol{A}_{il}^m I_{ljk}^m+\sum_{l=0}^{N_y}\boldsymbol{B}_{jl}^m I_{ilk}^m+\sum_{l=0}^{N_z}\boldsymbol{C}_{kl}^m I_{ijl}^m=\boldsymbol{F}_{ijk}^m,\qquad m=1,2,\cdots,M \tag{3-12}$$

式中,矩阵 $\boldsymbol{A}^m$、$\boldsymbol{B}^m$、$\boldsymbol{C}^m$ 和 $\boldsymbol{F}^m$ 的元素表达式分别为

$$\boldsymbol{A}_{il}^m=\begin{cases}\mu^m\left(\dfrac{2}{X_2-X_1}\right)\left(\dfrac{\arcsin\alpha_x}{\alpha_x}\right)\sqrt{1-(\alpha_x s_x)^2}\boldsymbol{D}_{il}^{(1)}+\dfrac{1}{3}\left(\kappa_a+\kappa_s-\dfrac{\kappa_s}{4\pi}\Phi^{m,m}w^m\right), & i=l\\ \mu^m\left(\dfrac{2}{X_2-X_1}\right)\left(\dfrac{\arcsin\alpha_x}{\alpha_x}\right)\sqrt{1-(\alpha_x s_x)^2}\boldsymbol{D}_{il}^{(1)}, & i\neq l\end{cases} \tag{3-13}$$

$$\boldsymbol{B}_{jl}^{m}=\begin{cases}\eta^{m}\left(\dfrac{2}{Y_2-Y_1}\right)\left(\dfrac{\arcsin\alpha_y}{\alpha_y}\right)\sqrt{1-(\alpha_y s_y)^2}\boldsymbol{D}_{jl}^{(1)}+\dfrac{1}{3}\left(\kappa_{\mathrm{a}}+\kappa_{\mathrm{s}}-\dfrac{\kappa_{\mathrm{s}}}{4\pi}\boldsymbol{\Phi}^{m,m}w^{m}\right), & j=l\\ \eta^{m}\left(\dfrac{2}{Y_2-Y_1}\right)\left(\dfrac{\arcsin\alpha_y}{\alpha_y}\right)\sqrt{1-(\alpha_y s_y)^2}\boldsymbol{D}_{jl}^{(1)}, & j\neq l\end{cases} \tag{3-14}$$

$$\boldsymbol{C}_{kl}^{m}=\begin{cases}\xi^{m}\left(\dfrac{2}{Z_2-Z_1}\right)\left(\dfrac{\arcsin\alpha_z}{\alpha_z}\right)\sqrt{1-(\alpha_z s_z)^2}\boldsymbol{D}_{kl}^{(1)}+\dfrac{1}{3}\left(\kappa_{\mathrm{a}}+\kappa_{\mathrm{s}}-\dfrac{\kappa_{\mathrm{s}}}{4\pi}\boldsymbol{\Phi}^{m,m}w^{m}\right), & k=l\\ \xi^{m}\left(\dfrac{2}{Z_2-Z_1}\right)\left(\dfrac{\arcsin\alpha_z}{\alpha_z}\right)\sqrt{1-(\alpha_z s_z)^2}\boldsymbol{D}_{kl}^{(1)}, & k\neq l\end{cases} \tag{3-15}$$

$$\boldsymbol{F}_{ijk}^{m}=\kappa_{\mathrm{a}}I_{\mathrm{b},ijk}+\frac{\kappa_{\mathrm{s}}}{4\pi}\sum_{\substack{m'=1,\\ m'\neq m}}^{M}I_{ijk}^{m'}\boldsymbol{\Phi}^{m,m'}w^{m'} \tag{3-16}$$

其中，$\boldsymbol{D}^{(1)}$ 为一阶 CGL 配置点的系数矩阵，具体元素表达式见式(2－23)。

在采用 CSM 直接求解矩阵方程(3－12)之前，引入辐射边界条件(3－6)。根据离散的角向所处的卦限不同，可将辐射边界条件分为 8 种情况，即：$(\mu^m>0,\ \eta^m>0,\ \xi^m>0)$、$(\mu^m>0,\ \eta^m>0,\ \xi^m<0)$、$(\mu^m>0,\ \eta^m<0,\ \xi^m>0)$、$(\mu^m>0,\ \eta^m<0,\ \xi^m<0)$、$(\mu^m<0,\ \eta^m>0,\ \xi^m>0)$、$(\mu^m<0,\ \eta^m>0,\ \xi^m<0)$、$(\mu^m<0,\ \eta^m<0,\ \xi^m>0)$ 和 $(\mu^m<0,\ \eta^m<0,\ \xi^m<0)$。

以 $(\mu^m>0,\ \eta^m>0,\ \xi^m>0)$ 为例，边界上辐射强度为 $I(0,\ 0:N_y,\ 0:N_z)$、$I(0:N_x,\ 0,\ 0:N_z)$ 和 $I(0:N_x,\ 0:N_y,\ 0)$。将边界条件引入后，式(3－12)可改写为

$$\begin{aligned}&\sum_{l=1}^{N_x}\boldsymbol{A}_{il}^{m}I_{ljk}^{m}+\sum_{l=1}^{N_y}\boldsymbol{B}_{jl}^{m}I_{ilk}^{m}+\sum_{l=1}^{N_z}\boldsymbol{C}_{kl}^{m}I_{ijl}^{m}\\&=\boldsymbol{F}_{ijk}^{m}-\boldsymbol{A}_{i0}^{m}I_{0jk}^{m}-\boldsymbol{B}_{j0}^{m}I_{i0k}^{m}-\boldsymbol{C}_{k0}^{m}I_{ij0}^{m}\end{aligned},\quad \begin{aligned}&m=1,2,\cdots,M;\ i=1,2,\cdots,N_x;\\&j=1,2,\cdots,N_y;\ k=1,2,\cdots,N_z\end{aligned} \tag{3-17}$$

类似的其余 7 种情况也可以采用上述方法进行类似处理。

当介质具有散射特性时，在每一个离散方向 $\boldsymbol{\Omega}^m$ 上的离散坐标方程中，入

射散射项包含其他离散方向 $\boldsymbol{\Omega}^{m'}$ 上的辐射强度,因此需要进行全局迭代来更新辐射强度。每个离散方向 $\boldsymbol{\Omega}^{m}$ 上的矩阵方程(3-12)在采用2.5.2节中介绍的三维Schur分解法直接求解之前,需要用上述方法引入辐射边界条件(3-6)。CSM求解参与性介质内辐射换热问题的具体求解步骤如下。

第一步: 选择各个方向上的节点数 N_x、N_y、N_z,根据节点数计算出计算区间内配置点对应的坐标值;计算各空间方向上的一阶CGL配置点的系数矩阵 $\boldsymbol{D}^{(1)}$。

第二步: 选择离散的角向数 M,计算相应的离散方向上的方向余弦和权值,初始化辐射强度场。

第三步: 对于 $m=1, 2, \cdots, M$ 上的每一个离散方向 $\boldsymbol{\Omega}^{m}$ 进行循环,根据式(3-13)~式(3-16),计算矩阵 $\boldsymbol{A}^{m}$、$\boldsymbol{B}^{m}$、$\boldsymbol{C}^{m}$ 和 $\boldsymbol{F}^{m}$。

第四步: 引入辐射边界条件(3-6),采用三维Schur分解直接求解引入边界条件后的矩阵(3-12),获得离散角向 $\boldsymbol{\Omega}^{m}$ 上新的辐射强度场 I_{new}^{m}。

第五步: 比较所有离散方向上的新辐射强度场 I_{new}^{m} 与旧辐射强度场(或初始值) I_{old}^{m} 的值的大小,计算它们之间的最大相对误差;如果它们之间的最大相对误差大于收敛标准,则返回第三步重新计算,否则终止迭代,进行后处理。

在这里需要指出的是,矩阵 $\boldsymbol{A}^{m}$、$\boldsymbol{B}^{m}$ 和 $\boldsymbol{C}^{m}$ 的值与辐射强度无关,在循环迭代过程中不会发生改变,因此在所有离散角向上计算一次即可。另外,对于引入辐射边界条件后的矩阵方程(3-12),在每一次迭代过程中均是采用三维Schur分解法进行直接求解,其计算效率比在所有离散节点上进行循环迭代的计算效率要高。

3.1.3　计算结果的分析与讨论

如果参与性介质为散射介质,则需要进行全局迭代计算,此时,我们定义的迭代收敛条件为 $|I_{\text{new}}^{m}-I_{\text{old}}^{m}|/I_{\text{old}}^{m}\leqslant 10^{-6}$。

边界壁面上的净辐射热流可根据式(3-18)进行计算:

$$q_{\text{r}}=\varepsilon_{\text{w}}\left(\pi I_{\text{b, w}}-\sum_{\boldsymbol{n}_{\text{w}}\cdot\boldsymbol{\Omega}^{m'}<0}^{M} I_{\text{w}}^{m'}|\boldsymbol{n}_{\text{w}}\cdot\boldsymbol{\Omega}^{m'}|w^{m'}\right) \tag{3-18}$$

介质内部的辐射源项为

$$S=\kappa_{\text{a}}\left(E_{\text{b}}-\sum_{m=1}^{M} I^{m}|\boldsymbol{n}_{\text{w}}\cdot\boldsymbol{\Omega}^{m}|w^{m}\right) \tag{3-19}$$

本小节中所有的计算程序均采用 Fortran95 和 Matlab 计算机语言编写，在配置为 Pentium(R) D CPU(3.40 GHz)、1.49 GB 内存的计算机上运行。为了便于 CSM 的计算结果(R_{CSM})与基准解($R_{\mathrm{Benchmark}}$)进行定量分析与比较，定义相对误差为

$$\text{相对误差}=\frac{\| R_{\mathrm{CSM}}-R_{\mathrm{Benchmark}} \|}{\| R_{\mathrm{Benchmark}} \|}\times 100\% \tag{3-20}$$

1. 一维参与性介质内的辐射换热

在发射、吸收和散射灰介质中的一维辐射传递方程可简化为[2]

$$\xi\frac{\mathrm{d}I(z,\xi)}{\mathrm{d}z}+\beta I(z,\xi)=\kappa_{\mathrm{a}}I_{\mathrm{b}}(z)+\frac{\kappa_{\mathrm{s}}}{2}\int_{-1}^{1}I(z,\xi')\Phi(\xi',\xi)\mathrm{d}\xi'=S(z,\xi) \tag{3-21}$$

它的积分形式解为[3]

$$I(z,\xi)=I_{\mathrm{w}}\exp\left[-\frac{\beta}{\mu}(z-z_{\mathrm{w}})\right]+\int_{z_{\mathrm{w}}}^{z}S(z',\xi)\exp\left[-\left|\frac{\beta}{\mu}(z-z')\right|\right]\frac{\beta}{\mu}\mathrm{d}z' \tag{3-22}$$

方程(3-21)中，$S(z,\xi)$ 为源函数，I_{w} 为辐射强度在不透明边界上的边界条件：

$$I_{\mathrm{w}}(z_{\mathrm{w}},\xi)=\begin{cases}\varepsilon_{\mathrm{w}}I_{\mathrm{b}}(z_{\mathrm{w}})+(1-\varepsilon_{\mathrm{w}})\int_{-1}^{0}I(z_{\mathrm{w}},\xi')\,|\,\xi'\,|\,\mathrm{d}\xi', & \xi>0\\ \varepsilon_{\mathrm{w}}I_{\mathrm{b}}(z_{\mathrm{w}})+(1-\varepsilon_{\mathrm{w}})\int_{0}^{1}I(z_{\mathrm{w}},\xi')\,|\,\xi'\,|\,\mathrm{d}\xi', & \xi<0\end{cases} \tag{3-23}$$

其中，

$$z_{\mathrm{w}}=\begin{cases}0, & \xi>0\\ L, & \xi<0\end{cases} \tag{3-24}$$

式中，L 为两平板的间距。

当辐射传递方程中源函数为高斯型分布函数，即

$$S(z)=\mathrm{e}^{-(z-c)^2/\alpha^2},\quad z,\ c\in[0,L] \tag{3-25}$$

并且,散射系数 $\kappa_s = 0$。此时,式(3-22)可改写为

$$I(z,\ \xi) = I_w \exp\left[-\frac{\kappa_a}{\xi}(z - z_w)\right] - \frac{\sqrt{\pi}\,\alpha}{2\xi}\exp\left\{-\frac{\kappa_a}{\xi}\left[z - \left(\frac{\alpha^2\kappa_a}{4\xi} + c\right)\right]\right\} \times \left[\operatorname{erf}\left(\frac{\alpha\kappa_a}{2\xi} + \frac{c - z}{\alpha}\right) - \operatorname{erf}\left(\frac{\alpha\kappa_a}{2\xi} + \frac{c - z_w}{\alpha}\right)\right] \tag{3-26}$$

假设壁面上的温度与介质温度相同,则壁面上的黑体辐射强度 $I_b(z_w)$ 可通过源项的定义得到:

$$I_b(z_w) = S(z_w)/\kappa_a \tag{3-27}$$

选取源函数为高斯分布函数,是因为它的辐射强度分布[式(3-26)]会出现很大的梯度,这样可以有效地检验数值方法的稳定性。在一维算例中,在角向上采用 S_2 离散,即 $\xi^m = \pm 0.577\,350\,3$;在空间上采用 CSM 离散。

当高斯分布函数中的参数 $c = 0.5$、$\alpha = 0.01$,光学厚度分别为 $\tau_L = \beta L = 0.01$ 和 1.0 时,CSM 计算得到的辐射强度与解析解的比较结果如图 3-2 和图 3-3 所示。

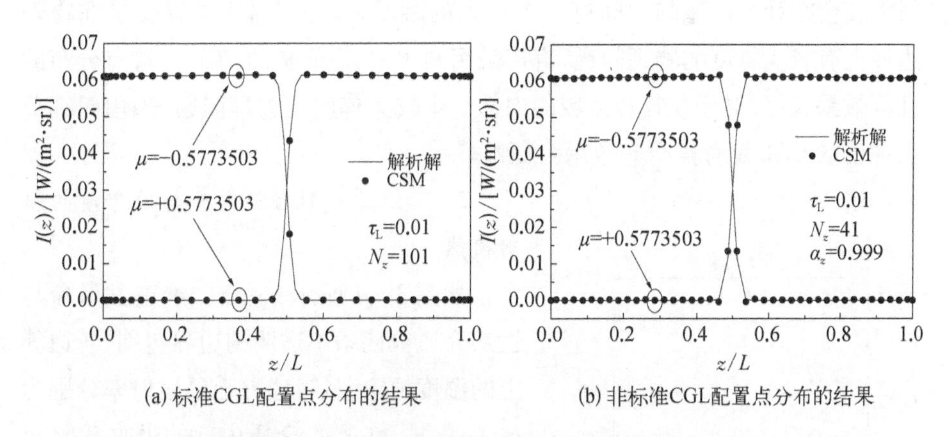

图 3-2 介质取高斯型源函数情形时 CSM 得到的辐射强度分布($\tau_L = 0.01$)

图 3-2(a)和图 3-3(a)、图 3-2(b)和图 3-3(b)分别表示当离散配置点标准和非标准分布时,CSM 计算得到的辐射强度在一维平行平板间的分布,同时将计算结果与解析解进行比较。当离散配置点非标准分布时,网格条件

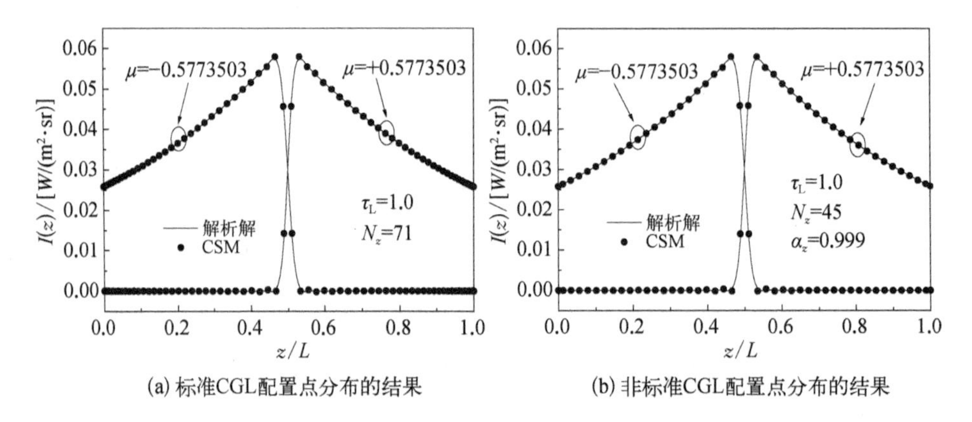

(a) 标准CGL配置点分布的结果　(b) 非标准CGL配置点分布的结果

图 3-3　介质取高斯型源函数情形时 CSM 得到的辐射强度分布($\tau_L = 1.0$)

系数为 $\alpha_z = 0.999$。由图 3-2 和图 3-3 可以看出：当辐射传递方程中源函数为高斯型分布函数时，在光学厚度分别为 $\tau_L = 0.01$ 和 1.0 条件下，分别采用配置点标准和非标准分布的 CSM 计算一维平行平板间的辐射强度分布，其计算结果均与解析解非常吻合，这也表明了 CSM 求解该类问题的稳定性和准确性。另外还可以看出，在相同的计算精度条件下，非标准 CGL 配置点分布所需的离散配置点要少于标准的 CGL 配置点分布时所需的配置点。因为 CGL 配置点具有在物理边界上分布密集、中间分布稀疏的规律，但是式(3-26)中辐射强度会在计算区域的中间有一个很大的跳跃。因此，对于求解变量在物理边界上有较大梯度的物理问题，直接采用两边密、中间疏的 CGL 配置点分布的计算效果较好；对于在物理区域的内部产生较大梯度的物理问题，采用内部节点加密的 CGL 配置点分布效果会更好。

2. 二维正方形封腔内参与性介质的辐射换热

如图 3-4 所示，一个二维正方形参与性灰介质被四条不透明的边界包围，各边界上的温度恒定，且各边界上的发射率分别为 ε_1、ε_2、ε_3 和 ε_4。介质内部的吸收系数 κ_a 和散射系数 κ_s 均为均匀分布。下面分别考虑边界为黑体、内部介质为各向异性散射介质，以及边界为灰体、内部介质为各向同性散射介质两种情况。

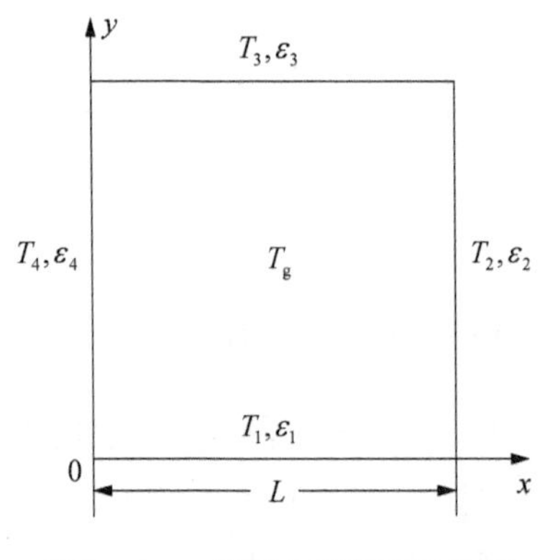

图 3-4　二维正方形封腔示意图

1）黑壁面正方形封腔内的各向异性散射

与文献[4,5]相同，考虑一个充满吸收、发射和各向异性散射介质的二维正方形封腔内辐射换热。正方形封腔的边长为 L；正方形封腔的壁面均为黑体，温度保持为 0 K；正方形封腔内介质为高温介质，且温度均为 $T_g = 1\,000$ K；介质的光学厚度为 $\tau_L = 1.0$。介质的各向异性散射相函数 $\Phi(\boldsymbol{\Omega}, \boldsymbol{\Omega}')$ 为 F2 散射相函数[5]，其不对称因子为 0.669 72。各向异性散射相函数可用 Legendre 多项式进行展开：

$$\Phi(\boldsymbol{\Omega}, \boldsymbol{\Omega}') = 1 + \sum_{l=1}^{L} A_l P_l(\cos \Theta) \tag{3-28}$$

式中，P_l 为 Legendre 多项式，A_l 为与之相对应的系数，其值如表 3－1 所示。

表 3－1 散射相函数的 Legendre 多项式系数

A_1	A_2	A_3	A_4	A_5	A_6	A_7	A_8	A_9
1.000 00	2.009 17	1.563 39	0.674 07	0.222 15	0.047 25	0.006 71	0.000 68	0.000 05

在这里使用 CSM 求解散射反照率分别为 $\omega = 0.0$、$\omega = 0.5$ 和 $\omega = 0.9$ 时，正方形封腔下壁面的无量纲净辐射热流 $q_r^* = q_r/(\sigma T_g^4)$。图 3－5 给出了在角向上采用 S_8 离散、空间上分别采用 $N_x \times N_y = 11 \times 11$、$N_x \times N_y = 15 \times 15$、$N_x \times N_y = 19 \times 19$ 和 $N_x \times N_y = 39 \times 39$ 四种方案时，下壁面的无量纲净辐射热流分布。从图中可以看出，随着离散节点数的增加，CSM 获得的计算结果趋于稳定。以离散节点数为 $N_x \times N_y = 39 \times 39$ 时的计算结果作为基准，离散节点数为 $N_x \times N_y = 11 \times 11$、$N_x \times N_y = 15 \times 15$ 和 $N_x \times N_y = 19 \times 19$ 的计算结果与它之间的最大相对误差分别为 8.891%、3.693%、0.893%。综合考虑计算结果的精确性和经济性，在随后的算例中，CSM 求解二维正方形封腔内辐射换热问题时，在空间内的离散节点数均取 $N_x \times N_y = 19 \times 19$。

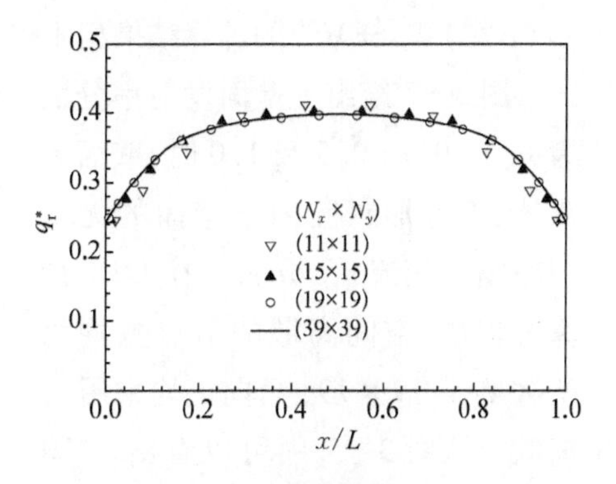

图 3－5 不同离散节点数组合对计算结果的影响

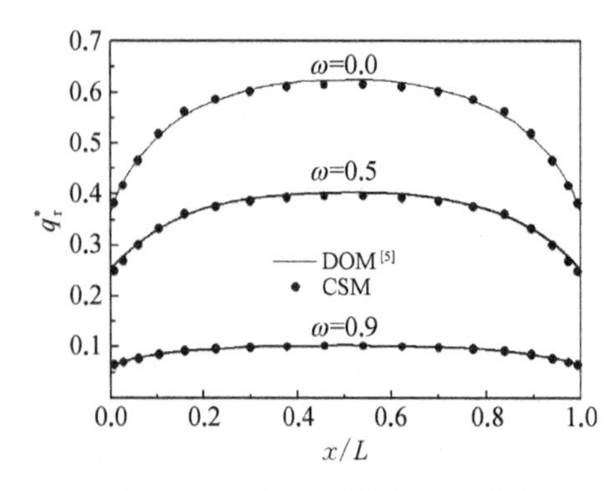

图 3-6 充满各向异性散射介质的正方形封腔内的下壁面无量纲净辐射热流分布

图 3-6 显示了在三种不同的反照率 $\omega = 0.0$、$\omega = 0.5$ 和 $\omega = 0.9$ 条件下，采用 CSM 计算得到的充满各向异性散射介质的正方形封腔下壁面的无量纲净辐射热流 q_r^*。在物理空间上，离散节点数取 $N_x \times N_y = 19 \times 19$，在角向上采用 S_8 近似。将 CSM 的计算结果与 DOM[5] 的计算结果相比较，结果表明，两者之间的最大相对误差均小于 0.985%。

2）灰壁面二维正方形封腔内的各向同性散射

在本算例中，考虑充满吸收、发射和各向同性散射介质，壁面为灰体的二维正方形封腔内的辐射换热问题。假设，散射反照率 $\omega = 1.0$，光学厚度 $\tau_L = 1.0$，下壁面为热壁面且壁面温度为 1 000 K，其余壁面和内部介质的温度均为 0 K。将计算得到的灰体正方形封腔内下壁面无量纲净辐射热流 $q_r^* = q_r/(\sigma T_1^4)$ 与 SEM[6] 的计算结果相比较。

图 3-7 给出了壁面发射率分别为 $\varepsilon_w = 0.1$、0.5 和 1.0 时，壁面为灰体、正方形封腔内下壁面的无量纲净辐射热流 q_r^* 分布。在 CSM 计算过程中，空间离散的节点数均为 $N_x \times N_y = 19 \times 19$，角向上均采用 S_8 离散。从图 3-7 中可以看出，CSM 与 SEM[6] 的计算结果吻合很好，且它们之间的最大相对误差均小于 0.975%。

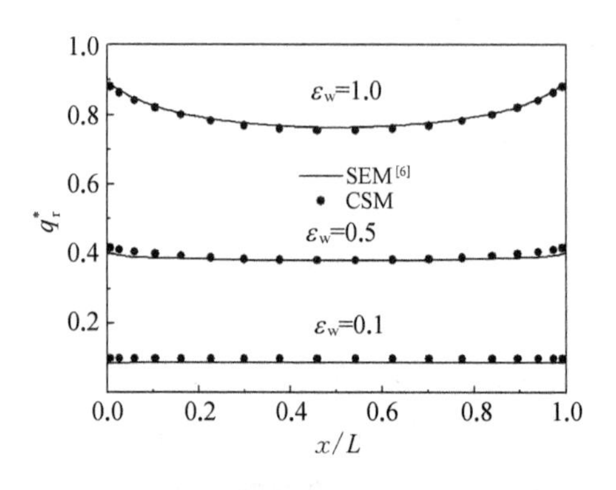

图 3-7 灰体正方形封腔内下壁面无量纲净辐射热流分布

为了便于分析和比较，将上述算例也采用 DOM 进行计算。在计算过程中，物理空间上采用菱形格式进行离散，离散节点数同为 $N_x \times N_y = 19 \times 19$；角向上采用 S_8 离散。表 3-2 列出了在不同的参数条件下，CSM 和 DOM 达到收敛标准所需的迭代次数。以文献[6]中的数据作为基准，表 3-2 也列出了两种方法获得的下壁面无量

纲净辐射热流 q_r^* 的最大相对误差。从表中可以看出,在相同的条件下,CSM 的迭代次数少于 DOM 的迭代次数,约为 DOM 迭代次数的 1/3,并且 CSM 的计算精度要比 DOM 高一个数量级。这充分体现了 CSM 高精度和高效率的特性。

表 3-2 DOM 和 CSM 之间的迭代次数和最大相对误差比较

β	ω	数值方法	迭代次数	最大相对误差/%
1	0.5	DOM	110	0.247
	0.9		110	0.251
	1.0		110	0.255
2	0.5		143	0.638
	0.9		143	0.644
	1.0		143	0.647
1	0.5	CSM	31	0.035
	0.9		31	0.036
	1.0		31	0.037
2	0.5		55	0.060
	0.9		55	0.062
	1.0		55	0.063

3. 三维箱形炉内辐射换热

自从 Selcuk[7] 提出三维“箱形炉”的精确解之后,这个算例已经被一些学者[8-10] 作为检验三维辐射传热方法的一个标准算例。如图 3-8 所示,炉膛的几何尺寸为 0.96 m×0.96 m×2.88 m,介质的光学厚度为 $\tau_L = 0.5$,炉膛内的六个壁面均为黑体,且各壁面上的辐射强度均为定值。在求解过程中所用到的无量纲参数如表 3-3 所示。表 3-3 中,无量纲参数的参照值分别为:$L_{ref} = 0.48$ m;$T_{ref} = 1\,673$ K;$E_{ref} = 4.419 \times 10^5$ W/m^2;$I_{ref} = 1.413\,9 \times 10^5$ W/(m^2 · sr)。

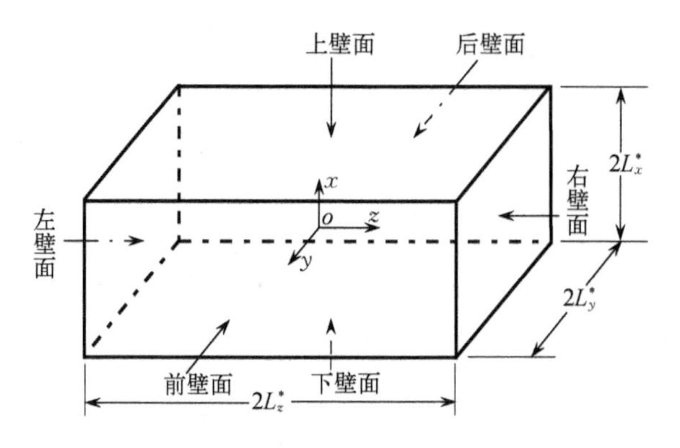

图 3-8　三维箱形炉

表 3-3　求解过程中所用到的无量纲参数

无量纲参数	取值
炉子无量纲长度	$L_x^* = 1,\ L_y^* = 1,\ L_z^* = 6$
光学厚度(不考虑介质散射时)	$\tau_L = 1/6$
壁面上无量纲辐射强度	$(G_{bw})_{上下前后壁面} = 0.0020$
	$(G_{bw})_{左壁面} = 0.0574$
	$(G_{bw})_{右壁面} = 0.0167$
介质内无量纲温度	$\Theta_i = 0.1775$
	$\Theta_e = 0.6222$
	$\Theta_{max} = 1$
介质内温度峰值出现的位置	$z_{max}^* = 0.8$
沿 z 轴方向炉气温度的变化斜率	$d_e = -0.22$

在图 3-8 所示的箱形炉中,左壁面为热壁面,右壁面为冷却壁面,炉内气体的无量纲温度分布为

$$\Theta_g(x,\ y,\ z) = [a(z^*) - \Theta_e]f(r^*) + \Theta_e \tag{3-29}$$

式中,$z^* = z/L_z$ 为 z 方向上的无量纲长度;$r^* = \sqrt{x^2 + y^2}/\sqrt{L_x^2 + L_y^2}$ 为炉子沿轴向方向的无量纲半径;Θ_e 为无量纲特征温度,具体值见表 3-3;$a(z^*)$ 和 $f(r^*)$ 的分布函数分别为

$$
a(z^*) = \begin{cases} 1 + (1 - \Theta_i)\left(\dfrac{z^* + z_{max}^*}{1 - z_{max}^*}\right)^3, & -1 \leqslant z^* \leqslant -z_{max}^* \\ \left.\begin{aligned} & 1 - [d_e(1 + z_{max}^*) + 3(1 - \Theta_e)]\left(\dfrac{z^* + z_{max}^*}{1 - z_{max}^*}\right)^2 \\ & + [d_e(1 + z_{max}^*) - 2(1 - T_e)]\left(\dfrac{z^* + z_{max}^*}{1 - z_{max}^*}\right)^3 \end{aligned}\right\}, & -z_{max}^* \leqslant z^* \leqslant 1 \end{cases}
$$

(3-30)

$$
f(r^*) = \begin{cases} 1 - 3(r^*)^2 + 2(r^*)^3, & 0 \leqslant r^* \leqslant 1 \\ 0, & r^* > 1 \end{cases} \tag{3-31}
$$

式中，d_e 为沿 z 轴方向炉气温度的变化斜率；Θ_i 为无量纲特征温度，具体值见表3-3。

1）三维箱形炉内非散射性介质的辐射换热

当炉内介质为无散射介质时，角度离散方向 $\boldsymbol{\Omega}^m$ 上的辐射传递方程(3-12)的辐射源项不包含其他角度离散方向 $\boldsymbol{\Omega}^{m'}$ 上的辐射强度。所以，在计算过程中不需要进行全局迭代，此时，使用三维 Schur 分解直接求解即可。

对于三维箱形炉内非散射性介质的辐射换热，我们主要从以下几个方面进行分析。

首先，对采用 CSM 求解三维箱形炉膛内辐射换热问题，进行角度离散方向数和空间离散节点数测试。将 CSM 获得的无量纲辐射热项 $S^* = S/(\sigma T_{ref}^4)$ 和无量纲净辐射热流 $q_r^* = q_r/(\sigma T_{ref}^4)$ 与精确解[7]相比较，寻找一组最优的离散节点数和方向数。

其次，在相同的离散方向数和离散节点数的条件下，通过将 CSM 和 DOM 获得的计算结果与精确解[7]进行比较，获得 CSM 和 DOM 的计算精度；比较两者之间的 CPU 计算时间，了解两种方法求解三维箱形炉内辐射换热的计算效率。

(1) 离散方向数和离散节点数测试。

在三维箱形炉内辐射换热问题，在角向上使用 SSD_N[11] 积分格式进行近似；在物理空间上采用 CSM 和 DOM 进行离散。

图3-9(a)和(b)分别给出了不同离散方向数对无量纲辐射源项和无量纲净辐射热流的影响。从图3-9(a)中可以看出，在离散节点数为 $N_x \times N_y \times$

$N_z = 17 \times 17 \times 57$、离散方向数为 $M = 48$ 和 96 时，直线（$x^* = 1$，$y^* = 0.75$，z^*）上的无量纲辐射源项都与精确解[7]很接近。以精确解[7]作为基准，离散方向数为 $M = 24$ 的无量纲辐射源项与它之间的最大相对误差为 3.646%，而离散方向数为 48 和 96 的无量纲辐射源项与它之间的最大相对误差分别为 2.418%和 1.663%。同样，对于无量纲净辐射热流，离散方向数为 $M = 24$、48 和 96 时，它们与精确解[7]之间的最大相对误差分别为 12.326%、2.691%和 1.878%。因此，从计算精度和经济性角度考虑，我们在随后的计算中选用离散方向数为 $M = 48$。

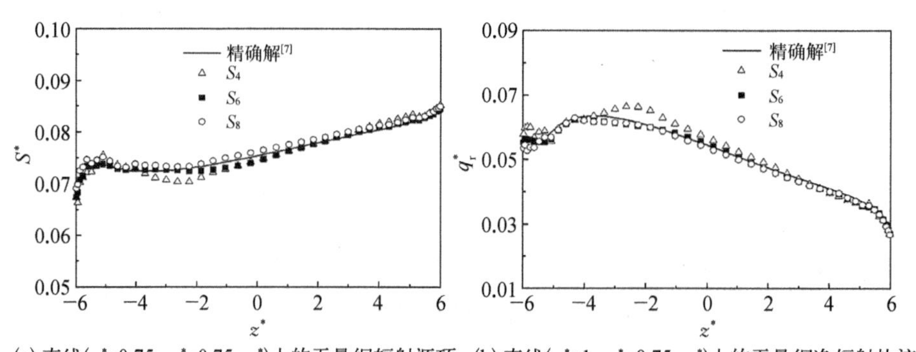

(a) 直线(x^*=0.75, y^*=0.75, z^*)上的无量纲辐射源项 (b) 直线(x^*=1, y^*=0.75, z^*)上的无量纲净辐射热流

图 3-9 方向数的独立性测试

图 3-10 给出了不同离散节点数对计算结果的影响，从图中可以看出，在离散方向数为 $M = 48$ 的条件下，离散节点数为 $N_x \times N_y \times N_z = 17 \times 17 \times 57$ 的计算结果与精确解[7]均很相近。以精确解[7]作为基准，$N_x \times N_y \times N_z = 9 \times 9 \times$

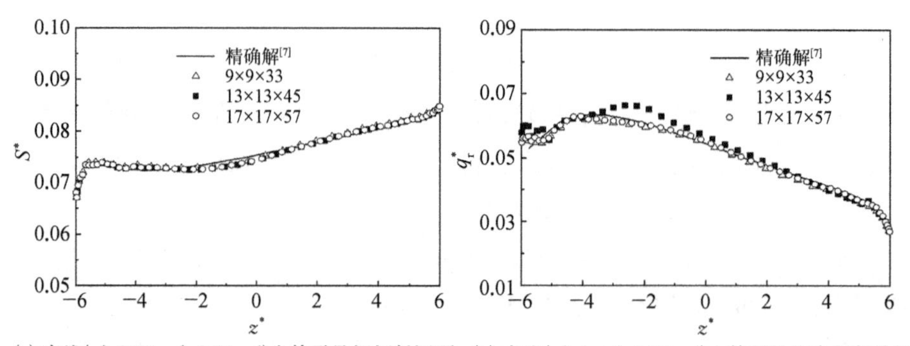

(a) 直线(x^*=0.75, y^*=0.75, z^*)上的无量纲辐射源项 (b) 直线(x^*=1, y^*=0.75, z^*)上的无量纲净辐射热流

图 3-10 网格节点数的独立性测试

33、$N_x \times N_y \times N_z = 13 \times 13 \times 45$ 和 $N_x \times N_y \times N_z = 17 \times 17 \times 57$ 时，CSM 的计算结果与它之间的最大相对误差分别为 2.422%、2.008%、1.748% 和 12.313%、6.442%、4.447%。因此，在我们随后的计算中，选用离散节点数为 $N_x \times N_y \times N_z = 17 \times 17 \times 57$。

（2）CSM 和 DOM 的计算精度和计算效率比较。

当选取 $N_x \times N_y \times N_z = 17 \times 17 \times 57$ 节点进行空间离散、$M = 48$ 个离散方向进行角度离散时，采用谱方法和离散坐标计算获得直线（$x^* = 0.75$, $y^* = 0.75$, z^*）上无量纲辐射源项分布和直线（$x^* = 1$, $y^* = 0.75$, z^*）无量纲净辐射热流分布，并将它们与精确解[7]进行比较如图 3－11 和图 3－12 所示。从图中可以看出，以精确解作为基准，CSM 获得的无量纲辐射源项和壁面上的无量纲净辐射热流的最大相对误差分别是 2.006% 和 6.444%；DOM 获得的最大相对误差分别是 2.042% 和 6.421%。由此可以看出，CSM 计算三维参与性介质内的辐射换热问题是准确、有效的。

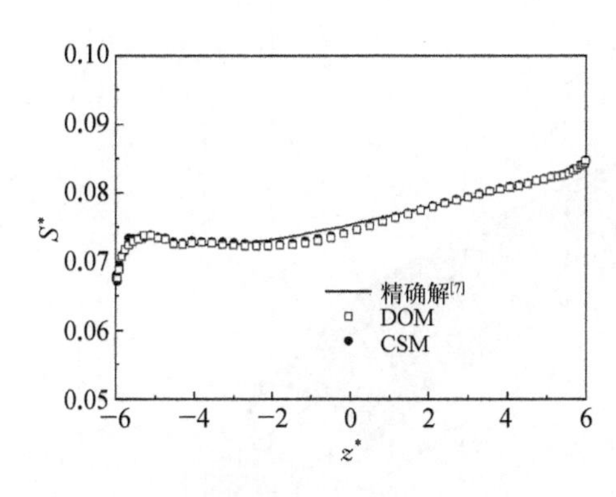

图 3－11　沿着直线（$x^* = 0.75$, $y^* = 0.75$, z^*），CSM 和 DOM 获得的无量纲辐射源项比较

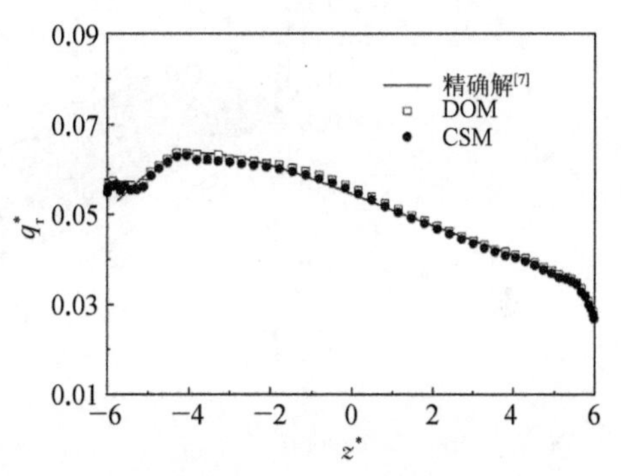

图 3－12　沿着直线（$x^* = 1$, $y^* = 0.75$, z^*），CSM 和 DOM 获得的无量纲净辐射热流比较

图 3－13 和图 3－14 分别给出了在壁面（$x^* = 1$, y^*, z^*）上 CSM 和 DOM 计算得到无量纲净辐射热流分布。对两图进行对比，发现两者的计算结果很相近，分布趋势几乎一致。

表 3－4 给出了不同节点数下，CSM 和 DOM 所需的 CPU 计算时间。从表中可以看出，当节点数为 5×5×21 时，CSM 与 DOM 计算用时相差不大，分别为 0.391 s 和 2.175 s；随着节点数的增加，两者计算时间的增长速度有明显差异。

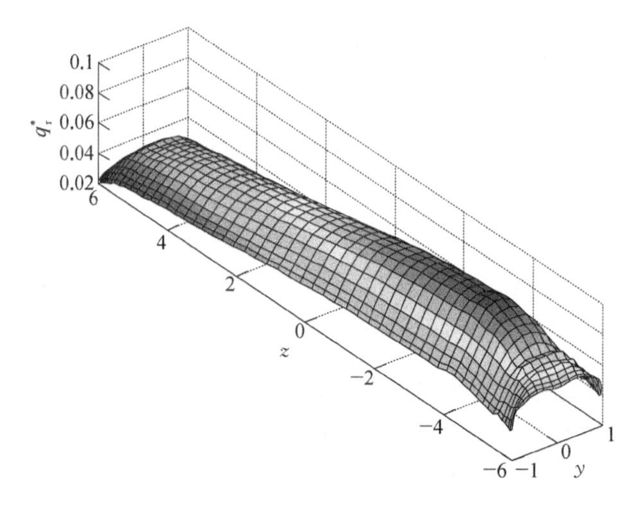

图 3-13　在壁面（$x^*=1, y^*, z^*$）上，CSM 计算得到的壁面上无量纲净辐射热流分布

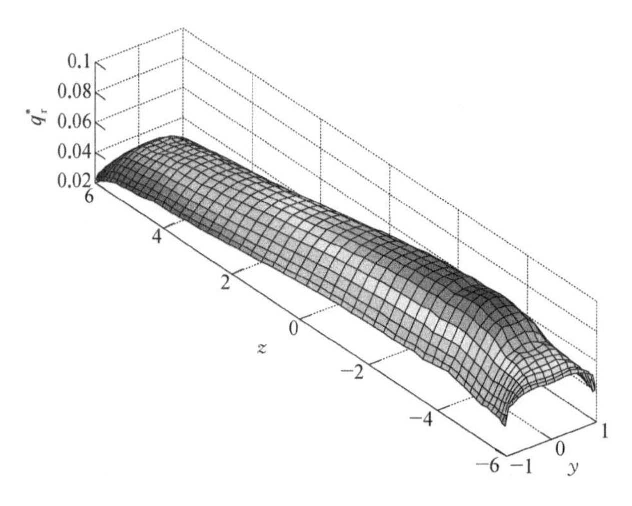

图 3-14　在壁面（$x^*=1, y^*, z^*$）上，DOM 计算得到的壁面上无量纲净辐射热流分布

当节点数增加到 9×9×33 时，CSM 需要用时仅为 1.953 s，而 DOM 则需要 20.984 s；继续增加节点数到 17×17×57，可以看到 CSM 需要 16.390 s，DOM 需要 628.141 s，大约是 CSM 的 40 倍，CSM 的高效性得以充分体现。这主要是因为，不考虑散射时，CSM 不需要在离散方向上进行全局迭代；在整个计算空间内，只需采用三维 Schur 分解法进行直接计算，而 DOM 需要在每个离散节点上进行循环迭代。

表3-4　DOM和CSM计算所用CPU时间比较

节点数	计算用时/s	
	DOM	CSM
5×5×21	2.175	0.391
9×9×33	20.984	1.953
13×13×45	104.937	6.359
17×17×57	628.141	16.390

2）三维箱形炉内吸收、发射和各向同性散射介质的辐射换热

CSM计算三维箱形炉内吸收、发射和各向同性散射介质的辐射换热时，采用与上一小节相同的离散节点数和离散方向数，且从以下几个方面进行分析。

首先，比较在不同散射反照率下，通过将CSM计算得到的无量纲辐射源项 S^* 和无量纲净辐射热流 q_r^* 与DOM的结果分别进行比较，求出两者之间的最大相对误差，从而验证CSM求解三维箱形炉内各向同性散射问题的准确性。

其次，分析散射反照率对无量纲辐射源项和无量纲净辐射热流的影响。

最后，在相同的离散方向数和离散节点数条件下，通过比较CSM和DOM的CPU计算时间，分析两种方法求解三维箱形炉内各向同性散射问题时的计算效率。

（1）CSM的计算结果的验证。

图3-15~图3-17分别给出了散射反照率为 $\omega=\kappa_s/\beta=0.1$、0.5和0.9条件下，采用CSM得到的无量纲辐射源项和无量纲净辐射热流，并将其与DOM的计算结果相比较。结果显示，对于直线（$x^*=0.75$, $y^*=0.75$, z^*）上的无量纲辐射源项，如图3-15(a)~图3-17(a)所示，两种方法计算得到的结果相吻合，最大相对误差分别为1.179%、2.663%和2.302%。对于直线（$x^*=1$, $y^*=0.75$, z^*）上的无量纲净辐射热流，如图3-15(b)~图3-17(b)所示，两种方法的计算结果也吻合得非常好，最大相对误差分别为2.547%、7.363%和5.882%。通过这个算例，我们可以看出，CSM计算三维辐射换热问题具有很好的精度。

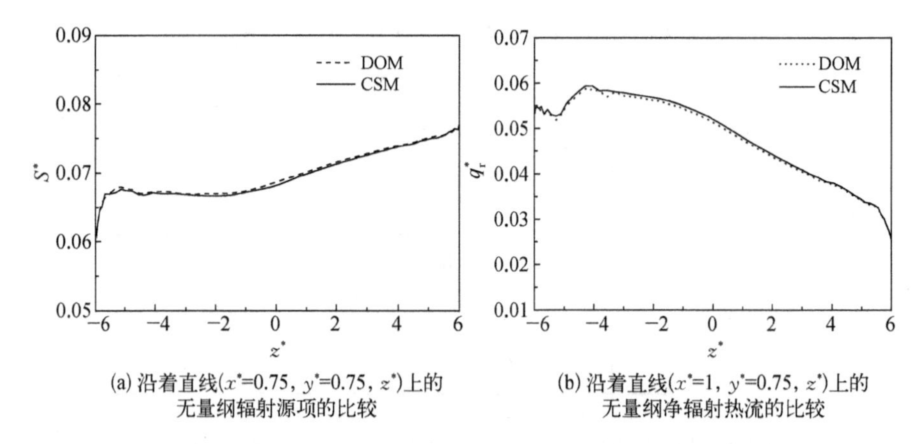

(a) 沿着直线(x^*=0.75, y^*=0.75, z^*)上的无量纲辐射源项的比较

(b) 沿着直线(x^*=1, y^*=0.75, z^*)上的无量纲净辐射热流的比较

图 3-15　当散射反照率 ω = 0.1 时无量纲辐射源项和无量纲净辐射热流的比较

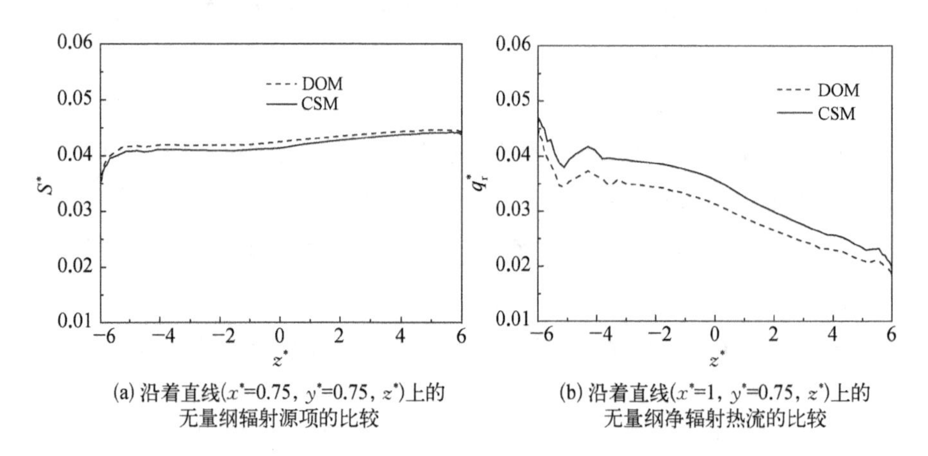

(a) 沿着直线(x^*=0.75, y^*=0.75, z^*)上的无量纲辐射源项的比较

(b) 沿着直线(x^*=1, y^*=0.75, z^*)上的无量纲净辐射热流的比较

图 3-16　当散射反照率 ω = 0.5 时无量纲辐射源项和无量纲净辐射热流的比较

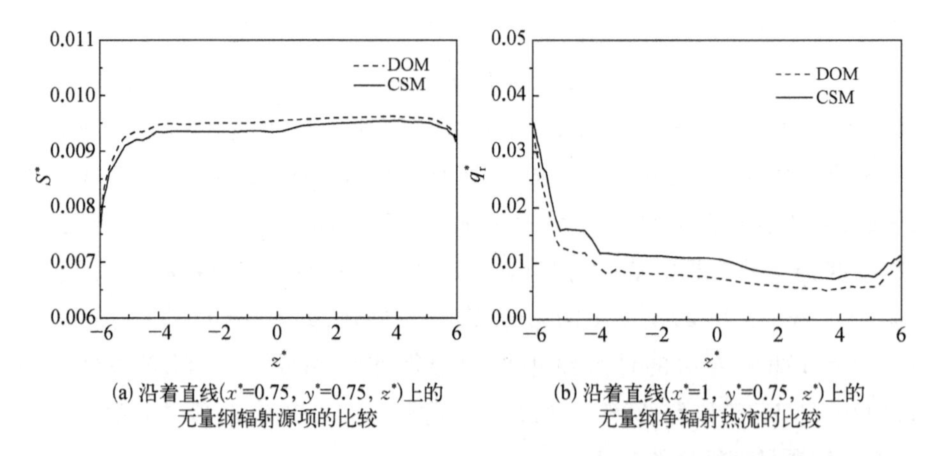

(a) 沿着直线(x^*=0.75, y^*=0.75, z^*)上的无量纲辐射源项的比较

(b) 沿着直线(x^*=1, y^*=0.75, z^*)上的无量纲净辐射热流的比较

图 3-17　当散射反照率 ω = 0.9 时无量纲辐射源项和无量纲净辐射热流的比较

当散射反照率 $\omega = 0.5$ 时,在平面 ($x^* = 0.75$, $y^* = 0.75$, z^*) 上,CSM 和 DOM 的无量纲净辐射热流分别显示在图 3-18 和图 3-19 中。比较两图的计算结果,发现它们之间分布趋势几乎一致,从而进一步证明了 CSM 可以准确地计算三维辐射换热问题。

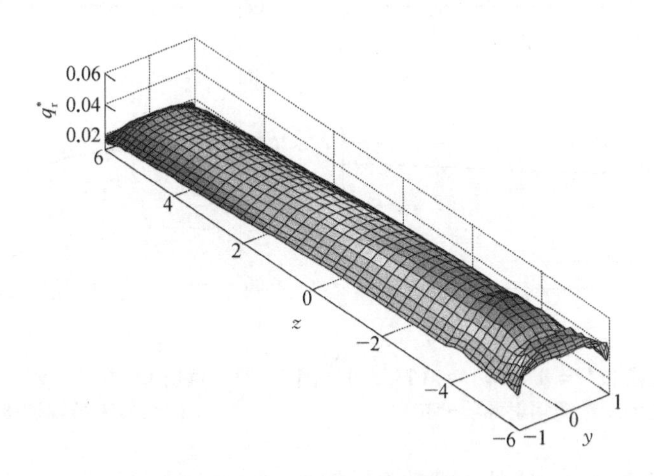

图 3-18　当散射反照率 $\omega = 0.5$ 时,在平面 ($x^* = 1$, y^*, z^*) 上, CSM 计算得到的无量纲净辐射热流分布

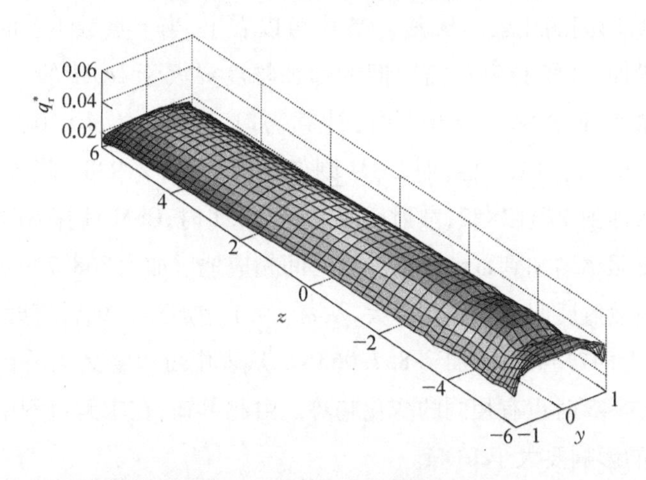

图 3-19　当散射反照率 $\omega = 0.5$ 时,在平面 ($x^* = 1$, y^*, z^*) 上, DOM 计算得到的无量纲净辐射热流分布

(2) 散射反照率对无量纲辐射源项和无量纲壁面净辐射热流的影响。

图 3-20 和图 3-21 分别给出了三种不同散射反照率条件下,沿着直线 ($x^* = 0.75$, $y^* = 0.75$, z^*) 的无量纲辐射源项分布和沿着直线 ($x^* = 1$, $y^* =$

0.75, z^*)的无量纲净辐射热流分布。从图中可以看出,随着散射反照率的增加,无量纲辐射源项和无量纲净辐射热流均降低,其中炉膛中间部分的无量纲净辐射热流下降最为明显。

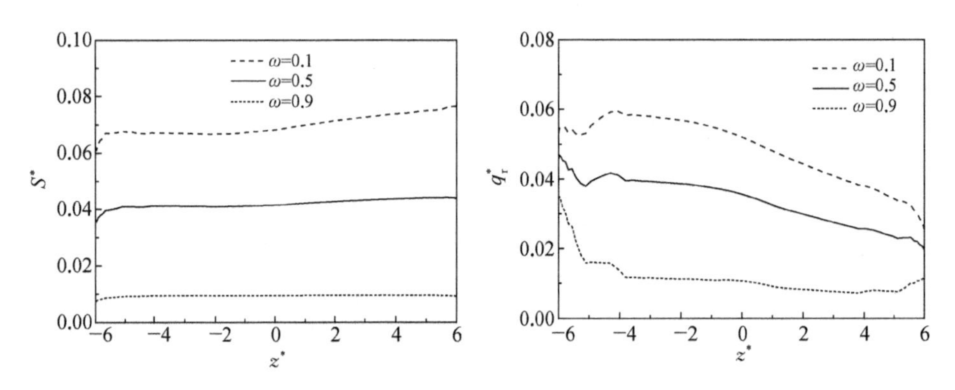

图 3-20 直线(x^* = 0.75, y^* = 0.75, z^*)上的无量纲辐射源项分布

图 3-21 直线(x^* = 1, y^* = 0.75, z^*)上的无量纲净辐射热流分布

(3) CSM 和 DOM 的计算效率比较。

表 3-5 给出了在不同节点数和散射反照率组合条件下,CSM 与 DOM 求解所需 CPU 时间的比较。从表 3-5 中可以看出,当节点数不变时,随着散射反照率的增加,CSM 计算所需时间的增加幅度要大于 DOM 的。当节点数为 5×5×21,散射反照率 ω = 0.1 时,计算需时 3.343 s; ω = 0.9 时,则需要 7.625 s,增加了大约 1.3 倍;而 DOM 则变化较小,从 2.938 s 增加到 3.640 s。当节点数增加到 17×17×57,散射反照率 ω = 0.1 时,CSM 计算需时 133.453 s,随着散射反照率增加到 ω = 0.9,计算时间相应地增加到 368.719 s;而 DOM 的计算时间随散射反照率的变化不大,从 ω = 0.1 增加到 0.9,计算时间只增加了将近 10 s,从 847.547 s 增加到 857.063 s。从表中可以看到当节点数为 9×9×33 和 13×13×45 时也有相同的变化趋势。由此可知,在求解过程中,散射反照率对 CSM 的影响要大于 DOM。

同时从表中还可以看到,当散射反照率不变时,用 CSM 计算时所需 CPU 时间随节点数变化要小于 DOM。当散射反照率取 ω = 0.1、节点数为 5×5×21 时,CSM 需时 3.343 s,节点数增加到 17×17×57 时,相应的 CPU 时间也增加到 133.453 s;而 DOM 则从 2.938 s 增加到 847.547 s。散射反照率增加到 ω = 0.5,节点数从 5×5×21 增加到 17×17×57 时,CSM 所需 CPU 时间从 5.265 s 增

表 3-5　DOM 和 CSM 计算所用 CPU 时间比较

节点数	散射反照率	计算时间/s	
		DOM	CSM
5×5×21	0.1	2.938	3.343
	0.5	3.313	5.265
	0.9	3.640	7.625
9×9×33	0.1	31.281	15.891
	0.5	33.157	25.750
	0.9	35.671	37.422
13×13×45	0.1	150.094	51.453
	0.5	157.109	95.859
	0.9	166.094	142.469
17×17×57	0.1	847.547	133.453
	0.5	852.609	251.437
	0.9	857.063	368.719

加到 251.437 s，增加大约 47 倍；而 DOM 则由 3.313 s 增加到 852.609 s，增加了将近 257 倍。从表中可以看到当散射反照率为 $\omega = 0.9$ 时，也有相同的趋势。由此可知，在求解过程中节点数对 CSM 求解时间的影响要远小于 DOM。

尽管随着节点数和散射反照率的增加，CSM 的计算时间也会延长，但是从整体上看 CSM 相对于 DOM 在求解时间上有较大优势。从表中可以看到除了当节点数为很小的 5×5×21 时 CSM 相比于 DOM 用时稍多外，其他情况都比 DOM 少，特别是节点数为 17×17×57 时至少节省一半多的时间。

3.2　直角坐标系下辐射与导热耦合换热问题的 CSM 求解

3.2.1　直角坐标系下辐射与导热耦合换热的控制方程

直角坐标系下，将辐射传递方程进行无量纲处理后，获得的无量纲离散坐

标方程为

$$\frac{1}{\tau_L}(\boldsymbol{\Omega}^m \cdot \nabla)G(r^*, \boldsymbol{\Omega}^m) + G(r^*, \boldsymbol{\Omega}^m) = (1-\omega)\Theta^4(r^*) + \frac{\omega}{4\pi}\sum_{m'=1}^{M} G(r^*, \boldsymbol{\Omega}^{m'})\Phi(\boldsymbol{\Omega}^{m'}, \boldsymbol{\Omega}^m)w^{m'} \tag{3-32}$$

式中，$\tau_L = \beta L$ 是光学厚度；$\boldsymbol{\Omega}^m$ 是在 $\boldsymbol{m}$ 方向上的立体角，单位为 sr；$G = \frac{\pi I}{\sigma T_{ref}^4}$ 是无量纲辐射强度，其中，I 是辐射强度，单位为 $W/(m^2 \cdot sr)$，σ 是 Stefan-Boltzmann 常量，单位为 $W/(m^2 \cdot K^4)$，T_{ref} 是参考温度，单位为 K，在本算例中，参考温度设为 $T_{ref} = 1\,000$ K；$r^* = r/L$ 为无量纲坐标矢量；$\omega = \kappa_s/\beta$ 是反照率，其中，κ_s 为散射系数，单位为 m^{-1}，β 是衰减系数，单位为 m^{-1}；$\Theta = T/T_{ref}$ 是无量纲温度；Φ 是散射相函数；$w^{m'}$ 是 m' 方向上的权值。

对于不透明、漫发射和漫反射壁面，无量纲辐射传递方程的边界条件为

$$G(r_w, \boldsymbol{\Omega}^m) = \varepsilon_w\Theta^4(r_w) + \frac{1-\varepsilon_w}{\pi}\sum_{\substack{m'=1 \\ \boldsymbol{n}_w\cdot\boldsymbol{\Omega}^{m'}>0}}^{M} G(r_w, \boldsymbol{\Omega}^{m'})\,|\boldsymbol{n}_w \cdot \boldsymbol{\Omega}^{m'}|\,w^{m'}, \quad \boldsymbol{n}_w \cdot \boldsymbol{\Omega}^m < 0 \tag{3-33}$$

式中，ε_w 是壁面发射率；$\boldsymbol{n}_w$ 是垂直于壁面的单位外法向量。

直角坐标系下，参与性介质内辐射与导热耦合换热问题的能量守恒方程为

$$\nabla \cdot [\lambda \nabla T(r)] = \nabla \cdot q_r(r) \tag{3-34}$$

给定边界条件为

$$T(r_w) = \text{已知}, \quad r_w \in \Gamma_T \tag{3-35}$$

式中，λ 是导热系数，单位为 $W/(m \cdot K)$；$\nabla \cdot q_r(r)$ 是辐射热源项，具体表达式为

$$\nabla \cdot q_r(r) = \kappa_a\left[4\pi I_b(r) - \int_{4\pi} I(r, \boldsymbol{\Omega})\,d\boldsymbol{\Omega}\right] \tag{3-36}$$

如前所述，为便于分析，对能量守恒方程及其边界条件同样进行无量纲化

处理,即

$$\frac{1}{\tau_{\mathrm{L}}^{2}}\ \nabla^{2}\Theta(\boldsymbol{r})=\frac{1}{N_{\mathrm{cr}}}(1-\omega)\left[\Theta^{4}(\boldsymbol{r})\ -\frac{1}{4\pi}\sum_{m=1}^{M}G(\boldsymbol{r},\ \boldsymbol{\Omega}^{m})w^{m}\right]\tag{3-37}$$

$$\Theta(r_{\mathrm{w}})=\text{已知},\quad r_{\mathrm{w}}\in\Gamma_{T}\tag{3-38}$$

式(3-37)中,$N_{\mathrm{cr}}=\dfrac{\lambda\beta}{4\sigma T_{\mathrm{ref}}^{3}}$是导热-辐射耦合参数。

3.2.2　控制方程的离散及线性化处理

在无量纲能量方程(3-37)中,含有所需求解的温度的二阶导数项和四次方项,因此该方程具有强烈的非线性。若不做特殊处理,用许多数值方法如有限体积法、谱方法等进行求解时,会出现数值不稳定现象。对于该方程(3-37),根据文献[12],我们采用的局部线性化处理方法是:方程两边同时减去l倍的$\dfrac{1}{N_{\mathrm{cr}}}(1-\omega)\Theta^{4}$,且假定方程右边的无量纲温度为上一次迭代的温度,方程左边温度为当前迭代温度和上次迭代温度的组合。此时,无量纲能量方程(3-37)可以改写为

$$\begin{aligned}&\frac{1}{\tau_{\mathrm{L}}^{2}}\nabla^{2}\Theta(r)\ -\frac{l}{N_{\mathrm{cr}}}(1-\omega)[\Theta_{\mathrm{old}}(r)]^{3}\Theta(r)\\&=\frac{1}{N_{\mathrm{cr}}}(1-\omega)\left\{(1-l)[\Theta_{\mathrm{old}}(r)]^{4}\ -\frac{1}{4\pi}\sum_{m=1}^{M}G(r,\ \boldsymbol{\Omega}^{m})w^{m}\right\}\end{aligned}\tag{3-39}$$

其中,l为线性化系数。在实际计算中,通过调节l的数值,可以降低方程的非线性化程度,加速方程的收敛。经过多组数学测试,文中后面算例l的取值范围为0~2。Θ_{old}表示上一次迭代的无量纲温度。这样,方程(3-39)就变成关于当前迭代温度的线性方程。

采用CSM离散后,方程(3-32)可转换为如下代数方程:

$$\sum_{l=0}^{N_x}\boldsymbol{A}_{il}^{m}\boldsymbol{G}_{ljk}^{m}+\sum_{l=0}^{N_y}\boldsymbol{B}_{jl}^{m}\boldsymbol{G}_{ilk}^{m}+\sum_{l=0}^{N_z}\boldsymbol{C}_{kl}^{m}\boldsymbol{G}_{ijl}^{m}=\boldsymbol{F}_{ijk}^{m},\quad m=1,\ 2,\ \cdots,\ M\tag{3-40}$$

其中,矩阵$\boldsymbol{A}^{m}$、$\boldsymbol{B}^{m}$、$\boldsymbol{C}^{m}$、$\boldsymbol{F}^{m}$的元素表达式为

$$\boldsymbol{A}_{il}^{m}=\begin{cases}\dfrac{2\mu^{m}}{\tau_{\mathrm{L}}(X_{2}-X_{1})}\boldsymbol{D}_{il}^{(1)}+1, & i=l\\ \dfrac{2\mu^{m}}{\tau_{\mathrm{L}}(X_{2}-X_{1})}\boldsymbol{D}_{il}^{(1)}, & i\neq l\end{cases} \tag{3-41}$$

$$\boldsymbol{B}_{jl}^{m}=\frac{2\eta^{m}}{\tau_{\mathrm{L}}(Y_{2}-Y_{1})}\boldsymbol{D}_{jl}^{(1)} \tag{3-42}$$

$$\boldsymbol{C}_{kl}^{m}=\frac{2\xi^{m}}{\tau_{\mathrm{L}}(Z_{2}-Z_{1})}\boldsymbol{D}_{kl}^{(1)} \tag{3-43}$$

$$\boldsymbol{F}_{ijk}^{m}=(1-\omega)\Theta_{ijk}^{4}+\frac{\omega}{4\pi}\sum_{m'=1}^{M}\boldsymbol{G}_{ijk}^{m'}\Phi^{m',m}w^{m'} \tag{3-44}$$

同理,采用 CSM 离散后,方程(3-39)转换成如下代数方程:

$$\sum_{l=0}^{N_x}\boldsymbol{P}_{il}\Theta_{ljk}+\sum_{l=0}^{N_y}\boldsymbol{Q}_{jl}\Theta_{ilk}+\sum_{l=0}^{N_z}\boldsymbol{R}_{kl}\Theta_{ijl}-\frac{l(1-\omega)}{N_{\mathrm{cr}}}(\Theta_{ijk}^{*})^{3}\Theta_{ijk}=\boldsymbol{W}_{ijk} \tag{3-45}$$

其中,矩阵 $\boldsymbol{P}$、$\boldsymbol{Q}$、$\boldsymbol{R}$ 和 $\boldsymbol{W}$ 的元素表达式为

$$\boldsymbol{P}_{il}=\frac{4}{\tau_{\mathrm{L}}^{2}(X_{2}-X_{1})^{2}}\boldsymbol{D}_{il}^{(2)} \tag{3-46}$$

$$\boldsymbol{Q}_{jl}=\frac{4}{\tau_{\mathrm{L}}^{2}(Y_{2}-Y_{1})^{2}}\boldsymbol{D}_{jl}^{(2)} \tag{3-47}$$

$$\boldsymbol{R}_{kl}=\frac{4}{\tau_{\mathrm{L}}^{2}(Z_{2}-Z_{1})^{2}}\boldsymbol{D}_{kl}^{(2)} \tag{3-48}$$

$$\boldsymbol{W}_{ijk}=\frac{(1-\omega)}{N_{\mathrm{cr}}}\left[(1-l)(\Theta_{ijk}^{*})^{4}-\frac{1}{4\pi}\sum_{m=1}^{M}G_{ijk}^{m}w^{m}\right] \tag{3-49}$$

式中,$\boldsymbol{D}^{(2)}$ 为 CGL 配置点的二阶导数矩阵。

3.2.3 CSM 求解直角坐标系下辐射与导热耦合换热问题的求解步骤

对矩阵方程(3-40)和方程(3-45)进行求解之前,需要采用矩阵方程直

接求解的办法引入相应的边界条件。方程(3-40)中的一阶导数矩阵 $\boldsymbol{D}^{(1)}$ 的特征值为复数,需要采用三维 Schur 分解求解器[13]进行直接求解;方程(3-45)中的二阶导数矩阵 $\boldsymbol{D}^{(2)}$ 的特征值为实数,可以采用常用的二步求解法[14]进行直接求解。

CSM 求解直角坐标系下辐射与导热耦合换热问题按如下步骤进行。

第一步: 选择各个方向上的节点数 N_x、N_y、N_z, 根据节点数计算出在各计算区间内配置点对应的坐标值;选择角度离散方向数 M, 计算相应的方向余弦和权值;初始化无量纲温度场和辐射强度场。

第二步: 根据方程(3-46)~方程(3-48)计算矩阵 $\boldsymbol{P}$、$\boldsymbol{Q}$ 和 $\boldsymbol{R}$, 根据方程(3-41)~方程(3-43)计算所有离散角向上的 $\boldsymbol{A}^m$、$\boldsymbol{B}^m$ 和 $\boldsymbol{C}^m$。

第三步: 根据方程(3-49)计算矩阵 $\boldsymbol{W}$; 采用矩阵方程直接求解的方法引入无量纲能量边界条件[方程(3-38)];然后,采用二步求解法直接求解引入边界条件后的无量纲能量守恒方程(3-45),获得新的无量纲温度场。

第四步: 对于 $m=1, 2, \cdots, M$ 上每一个角向 $\boldsymbol{\Omega}^m$ 进行循环,根据方程(3-44)计算矩阵 $\boldsymbol{F}^m$; 引入无量纲辐射边界条件[方程(3-33)];采用三维 Schur 分解法直接求解引入辐射边界条件后的无量纲辐射传递方程(3-40),获得各个方向上新的无量纲辐射强度场。

第五步: 比较所有节点和方向上的新的无量纲辐射强度与旧无量纲辐射强度(或初始值)的大小、新的无量纲温度与旧无量纲温度(或初始值)的大小,计算它们之间的最大相对误差。如果两个最大相对误差均小于收敛标准(如 10^{-6}),则终止迭代,进行后处理,计算无量纲辐射热流 q_{r}^*、无量纲导热热流 q_{c}^* 以及无量纲总热流 q^*; 否则,返回第三步,重新计算。

在上述求解步骤中,一阶导数矩阵 $\boldsymbol{D}^{(1)}$ 和二阶导数矩阵 $\boldsymbol{D}^{(2)}$ 仅为离散节点的函数,且 μ^m、η^m、ξ^m、τ_{L}、X_1、X_2、Y_1、Y_2、Z_1 和 Z_2 均为常数,所以矩阵 $\boldsymbol{A}^m$、$\boldsymbol{B}^m$、$\boldsymbol{C}^m$、$\boldsymbol{I}$、$\boldsymbol{J}$ 和 $\boldsymbol{H}$ 均仅需计算一次。最主要的是第三步和第四步中矩阵方程的求解,这两步关于矩阵方程的求解都是直接计算,其余步骤只是进行矩阵方程的计算。

3.2.4　算例分析与讨论

在此部分中,为了更充分地说明问题,我们以立方体内辐射与导热耦合换热问题为例,研究采用 CSM 求解直角坐标系下稳态辐射与导热耦合换热问题的结果。

如图 3－22 所示,考虑充满吸收、发射和各向同性散射灰介质的立方体内的辐射与导热耦合换热问题。立方体内的六个壁面均为不透明、漫射壁面,且每个壁面温度恒定。假定方腔内南(S)壁面温度为 2 000 K,其余壁面和介质温度均为 1 000 K。半透明介质内的导热系数、吸收系数和散射系数均匀分布。

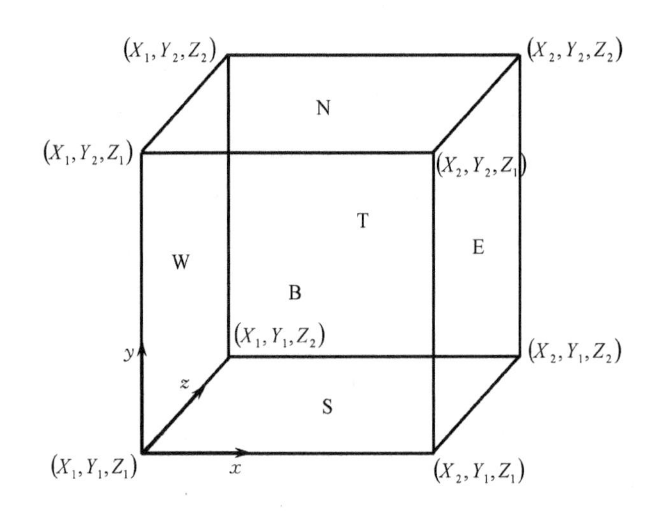

图 3－22　物理模型

N 表示北;S 表示南;W 表示西;E 表示东

图 3－23 给出了当导热-辐射耦合参数 $N_{cr}=0.01$、光学厚度 $\tau_L=1$、反照率 $\omega=0$ 和壁面发射率 $\varepsilon_w=1$ 时 CSM 计算得到的无量纲辐射热流和总辐射热

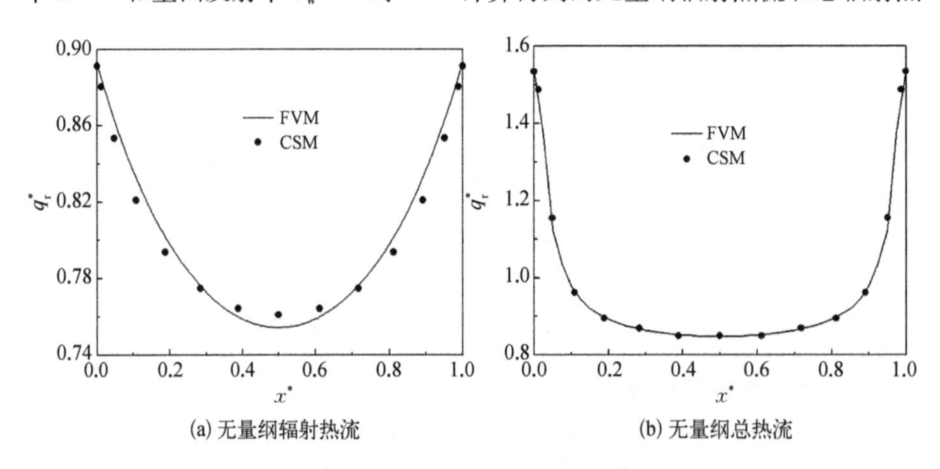

(a) 无量纲辐射热流　　(b) 无量纲总热流

图 3－23　比较 CSM 与 FVM 的计算结果

流分布,并与 Talukdar 等[15]采用 FVM 得到的计算结果相比较。从图中可以看出,谱方法的计算结果与文献中的结果相吻合。在文献[15]中,FVM 计算需要用 32×32×32 个节点,而 CSM 计算相同问题仅需要 14×14×14 个节点。这表明在相同的条件下,CSM 需要的节点数更少。

下面通过网格节点数和离散方向数的加密实验,确定与问题解无关的节点数和离散方向数。

图 3-24 仅给出了 $N_{cr}=0.01$、$\tau_L=1$、$\omega=0$ 和 $\varepsilon_w=1$ 时,节点数和离散方向数对热壁面辐射热流的影响,并没有考虑节点数和离散方向数对介质温度和壁面导热热流的影响。这是因为在辐射与导热耦合换热问题中,壁面辐射热流与介质中的温度和壁面导热热流相比,对节点数和离散方向数更为敏感。从图 3-24(a)中可以看出,角向采用 S_8 离散,在节点数为 14×14×14 和 18×18×18 时,热壁面的辐射热流分布已经很接近。以节点数为 18×18×18 的计算结果为基准,节点数为 10×10×10 时的计算结果与基准解之间的最大相对误差为 0.868%,而 14×14×14 的计算结果与基准解之间的最大相对误差仅为 0.403%。因此,从精度和经济性角度考虑,我们在随后的计算中选用节点数 14×14×14 为基准。图 3-24(b)给出了离散节点数为 14×14×14 时,不同离散方向数对计算结果的影响。从图中可以看出,在角度方向上采用 S_8 离散与 S_{10} 离散的计算结果较为相近,且两者之间最大相对误差仅为 0.486%。因此,在我们随后的计算中,在角度方向上采用 S_8 离散。

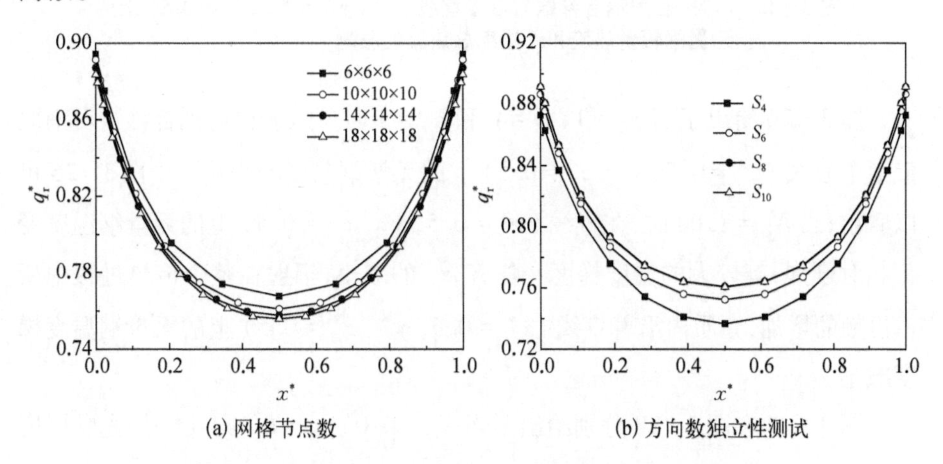

(a) 网格节点数

(b) 方向数独立性测试

图 3-24 节点数和离散方向数对热壁面辐射热流的影响

下面分析各物性参数：导热-辐射耦合参数 N_{cr}、光学厚度 τ_L、反照率 ω 和壁面发射率 ε_w 等对参与性介质内的无量纲温度场、辐射热流场和总热流场的影响。

图 3－25 给出了 $\tau_L=1$、$\omega=0$ 和 $\varepsilon_w=1$ 条件下，导热-辐射耦合参数对沿着 x 轴方向的中心线 $(x^*,\ y^*=0,\ z^*=0.5)$ 上的热壁面无量纲辐射热流和总热流的影响。比较图 3－25(a)和(b)可以看出，导热-辐射耦合参数对热壁面的辐射热流影响很小，但对总热流影响很大。这是因为，导热-辐射耦合参数表征了辐射与导热所占的相对份额。当导热-辐射耦合参数 N_{cr} 增大时，导热系数 λ 增大，最终导热热流也会增大。而导热-辐射耦合参数变化时，辐射热流变化很小。

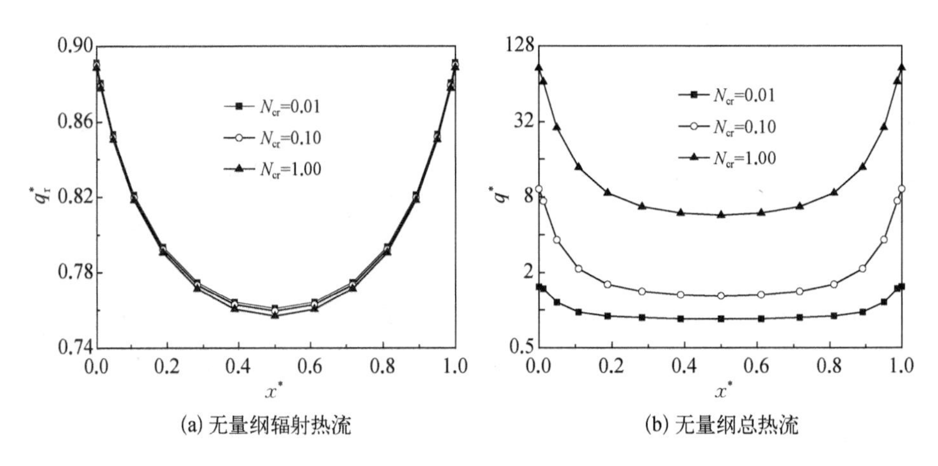

(a) 无量纲辐射热流　　(b) 无量纲总热流

图 3－25　导热-辐射耦合参数对沿着直线 $(x^*,\ y^*=0,\ z^*=0.5)$ 上的无量纲辐射热流和无量纲总热流的影响

图 3－26 给出了当 $\tau_L=1$、$\omega=0$ 和 $\varepsilon_w=1$ 时，导热-辐射耦合参数对南北壁面中心线 $(x^*=0.5,\ y^*,\ z^*=0.5)$ 上的无量纲温度的影响。由图 3－26 可以看出，当 $N_{cr}=1.00$ 时，在直线 $(x^*=0.5,\ y^*,\ z^*=0.5)$ 上的无量纲温度变化相对剧烈，有较大的温度梯度。随着 N_{cr} 的减小，辐射在整个传热过程中所占份额的增加，介质内沿着直线 $(x^*=0.5,\ y^*,\ z^*=0.5)$ 上的无量纲温度梯度减小。

图 3－27 和图 3－28 分别给出了当 $N_{cr}=0.01$、$\omega=0$、$\varepsilon_w=1$ 时，光学厚度对热壁面中心线 $(x^*,\ y^*=0,\ z^*=0.5)$ 上的无量纲辐射热流和总热流，以及

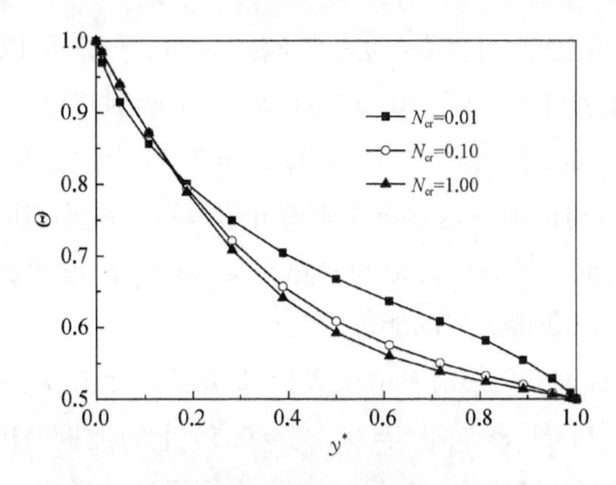

图 3-26　导热-辐射耦合参数对沿着直线（x^* = 0.5，y^*，z^* = 0.5）上的无量纲温度的影响

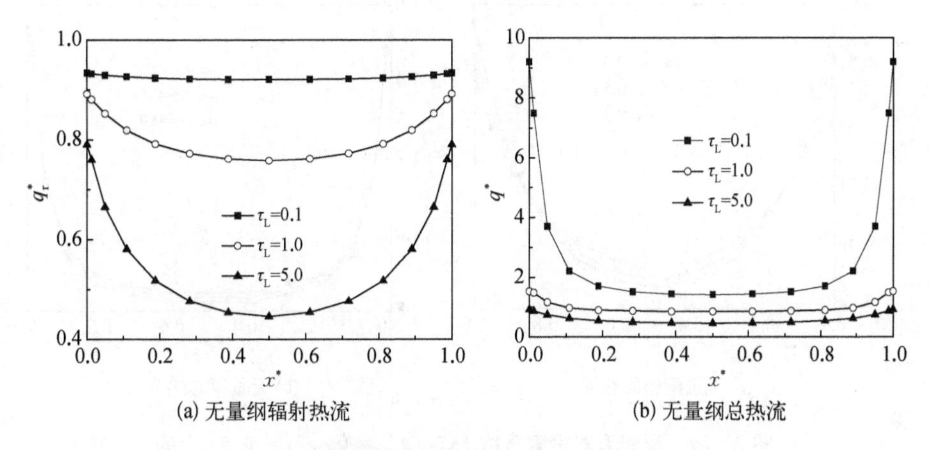

图 3-27　光学厚度对沿着直线（x^*，y^* = 0，z^* = 0.5）上的无量纲辐射热流和无量纲总热流的影响

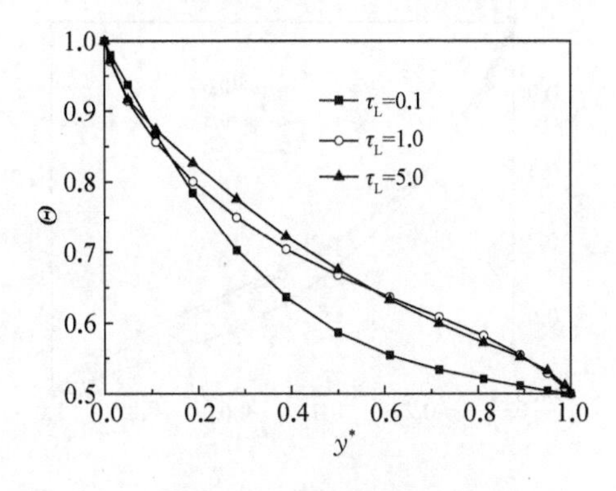

图 3-28　光学厚度对沿着直线（x^* = 0.5，y^*，z^* = 0.5）上的无量纲温度的影响

对南北壁面中心线上的无量纲温度的影响。从图 3-27 可以看出，随着光学厚度 τ_L 的减小，直线 (x^*, $y^*=0$, $z^*=0.5$) 上的辐射热流和总热流增加。在光学厚度 $\tau_L=0.1$ 时，直线 (x^*, $y^*=0$, $z^*=0.5$) 上的无量纲辐射热流远大于 $\tau_L=1$ 和 $\tau_L=5$ 时的值。这是由于随着光学厚度的减小，其介质的耗散也会减小。因而，热壁面上的辐射热流和总热流均会增大。也就是说，由于光学厚度的减小，介质可以获得更多的能量。

图 3-29 和图 3-30 分别表示在 $N_{cr}=0.01$、$\tau_L=1$、$\varepsilon_w=1$ 条件下，散射反照率对热壁面中心线 (x^*, $y^*=0$, $z^*=0.5$) 上的无量纲辐射热流、总热流以及直线 ($x^*=0.5$, y^*, $z^*=0.5$) 上的无量纲温度的影响。从图 3-29 可以

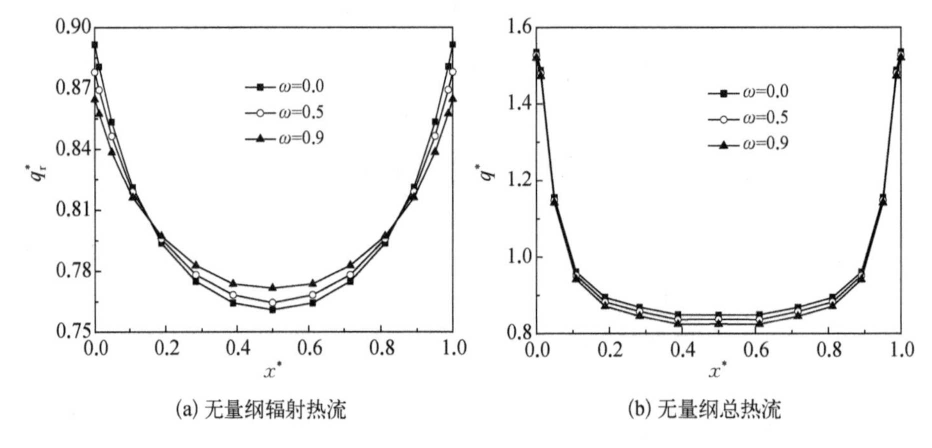

(a) 无量纲辐射热流　　(b) 无量纲总热流

图 3-29　反照率对沿着直线 (x^*, $y^*=0$, $z^*=0.5$) 上的无量纲辐射热流和无量纲总热流的影响

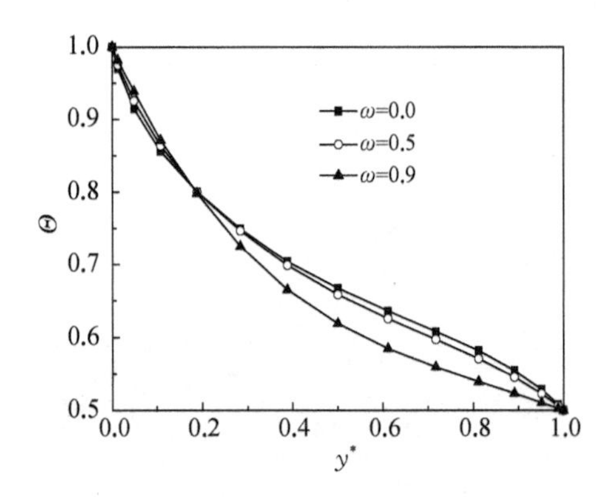

图 3-30　反照率对沿着直线 ($x^*=0.5$, y^*, $z^*=0.5$) 上的无量纲温度的影响

看出，散射反照率对沿着直线（x^*，$y^*=0$，$z^*=0.5$）上的辐射热流和总热流影响很小，尤其是辐射热流，基本保持不变。图3-30中，反照率越大，沿着y轴方向、直线（$x^*=0.5$，y^*，$z^*=0.5$）上的无量纲温度下降趋势越明显。

图3-31和图3-32分别给出了在$N_{cr}=0.01$、$\tau_L=1$、$\omega=0$和除热壁面外的其余壁面发射率均为1的条件下，热壁面发射率ε_w对热壁面中心线$\left(x^*,\ y^*=0,\ \lambda\left[\frac{d^2T(r)}{dr^2}+\frac{2}{r}\frac{dT(r)}{dr}\right]=\frac{dq_r(r)}{dr}+\frac{2}{r}q_r(r)\right)$上的无量纲辐射热流和总热流，以及对南北壁面中心线[λ，W/(m·K)，$q_r(r)$]上的无量纲温度的影响。图3-31中，热壁面发射率由黑壁面(W/m^2)逐渐变化至$\frac{dq_r(r)}{dr}+$

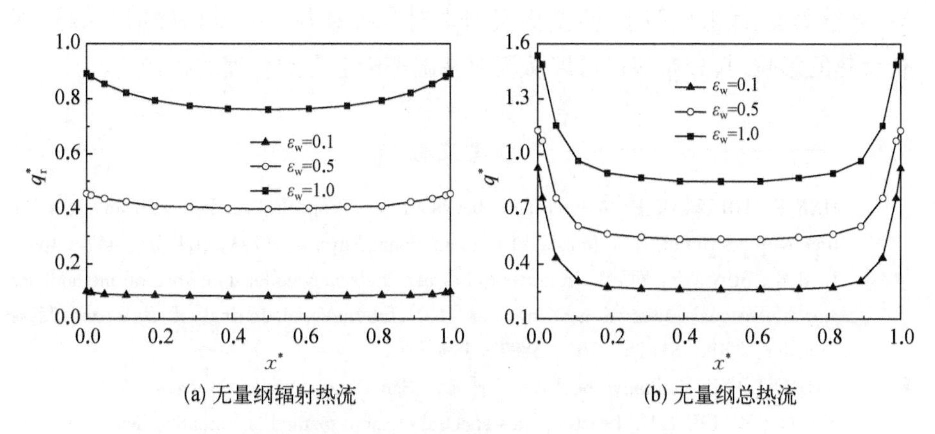

(a) 无量纲辐射热流　　(b) 无量纲总热流

图3-31　热壁面发射率对沿着直线（x^*，$y^*=0$，$z^*=0.5$）上的无量纲辐射热流和无量纲总热流的影响

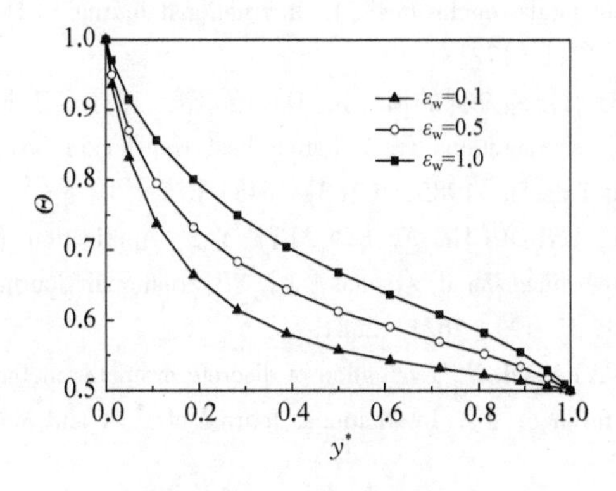

图3-32　热壁面发射率对沿着直线（$x^*=0.5$，y^*，$z^*=0.5$）上的无量纲温度的影响

$\frac{2}{r}q_r(r) = \kappa_a[4\pi I_b(r) - 2\pi\int_{-1}^{1} I(r, \xi)\mathrm{d}\xi]$。从图中可以看出，当热壁面为黑壁面时，热壁面中心线 $[x^*, y^* = 0, \Theta(R_1^*) = T_1/T_{ref}]$ 上的无量纲辐射热流和总热流均为最大。这是因为，其余壁面均为灰体，发射率越大，吸收率也就越大。从图 3-32 可以看到，随着热壁面发射率增加，沿 $\Theta(R_2^*) = T_2/T_{ref}$ 轴方向，在直线 $(x^* = 0.5, y^*, \Theta = T/T_{ref})$ 的无量纲温度也会增加，这也导致在图 3-31(a)所示的热壁面中心线上的辐射热流增加。

通过以上几个算例，可以看出：即使选用很少的节点数，CSM 得到的计算结果也与文献中的结果吻合较好；CSM 可以有效地求解多维参与性介质内的辐射与导入耦合换热问题。此外，分析了各种热物性参数：导热-辐射耦合参数、光学厚度、散射反照率、热壁面发射率对三维参与性介质内辐射与导热耦合换热的影响，其分布规律可以从辐射基础理论上得到合理的解释。

参考文献

[1] DAN K, HILLEL T E. A modified Chebyshev pseudospectral method with an $O(N^{-1})$ time step restriction[J]. Journal of Computational Physics, 1993, 104(2): 457-469.

[2] LI B W, SUN Y S, YU Y. Iterative and direct Chebyshev collocation spectral methods for one-dimensional radiative heat transfer[J]. International Journal of Heat and Mass Transfer, 2008, 51(25-26): 5887-5894.

[3] MODEST M F. Radiative heat transfer[M]. San Diego: Academic Press, 2003.

[4] ZHAO J M, LIU L H. Least-squares spectral element method for radiative heat transfer in semitransparent media[J]. Numerical Heat Transfer Part B, 2006, 50(5): 473-489.

[5] KIM T K, LEE H S. Effect of anisotropic scattering on radiative heat transfer in two-dimensional rectangular enclosures[J]. International Journal of Heat and Mass Transfer, 1988, 31(8): 1711-1721.

[6] 赵军明. 求解辐射传递方程的谱元法[D]. 哈尔滨：哈尔滨工业大学，2007.

[7] SELCUK N. Exact solutions for radiative heat transfer in box-shaped furnaces[J]. Journal of Heat Transfer, 1985, 107(3): 648-655.

[8] CHARETTE A, LAROUCHE A, KOCAEFE Y S. Application of the imaginary planes method to three-dimensional systems[J]. International Journal of Heat and Mass Transfer, 1990, 33(12): 2671-2681.

[9] SELCUK N, KAYAKOL N. Evaluation of discrete ordinates method for radiative transfer in rectangular furnaces[J]. International Journal of Heat and Mass Transfer, 1997, 40(2): 213-222.

[10] KIM S H, HUH K Y. Assessment of the finite-volume method and the discrete ordinate method for radiative heat transfer in a three-dimensional rectangular enclosure[J].

Numerical Heat Transfer Part B, 1999, 35(1): 85 - 112.

[11] LI B W, CHEN H G, ZHOU J H, et al. The spherical surface symmetrical equal dividing angular quadrature scheme for discrete ordinates method[J]. Journal of Heat Transfer, 2002, 124(3): 482 - 490.

[12] LI B W, SUN Y S, ZHANG D W. Chebyshev collocation spectral methods for coupled radiation and conduction in a concentric spherical participating medium[J]. Journal of Heat Transfer, 2009, 131(6): 062701 - 062709.

[13] LI B W, TIAN S A, SUN Y S, et al. Schur-decomposition for 3D matrix equations and its application in solving radiative discrete ordinates equations discretized by Chebyshev collocation spectral method[J]. Journal of Computational Physics, 2010, 229(4): 1198 - 1212.

[14] PEYRET R. Spectral methods for incompressible viscous flow[M]. Berlin: Springer, 2002.

[15] TALUKDAR P, ISSENDORFF F, TRIMIS D, et al. Conduction-radiation interaction in 3D irregular enclosures using the finite volume method[J]. Heat and Mass Transfer, 2008, 44(6): 695 - 704.

第 4 章

基于谱方法的圆柱坐标系下高温介质热辐射分析

圆柱坐标系下的主要困难为处理原点的奇异和角向偏微分项。虽然这些困难在离散坐标法和有限体积法等低阶方法已得到解决，但这些解决方式是否能够推广至配置点谱方法？直角坐标系下的 Chebyshev 配置点谱方法精度和求解效率都较高，在圆柱坐标系下又如何？圆柱坐标系下的精度又该如何衡量？带着这些疑问，我们开展本章的研究工作。

4.1 圆柱坐标系下热辐射传递方程

在一维吸收、发射和散射圆柱均匀介质中，辐射传递方程可基于无量纲的光学坐标写作：

$$\mu \frac{\partial I(\tau, \boldsymbol{\Omega})}{\partial \tau} - \frac{\eta}{\tau} \frac{\partial I(\tau, \boldsymbol{\Omega})}{\partial \varphi} = - I(\tau, \boldsymbol{\Omega}) + S(\tau, \boldsymbol{\Omega}) \tag{4-1}$$

相较于方程(4-1)，另外一种守恒形式的方程在离散求解辐射强度时更为常用[1]。这种形式可以确保离散方程具有守恒性，

$$\frac{\mu}{\tau} \frac{\partial [\tau I(\tau, \boldsymbol{\Omega})]}{\partial \tau} - \frac{1}{\tau} \frac{\partial [\eta I(\tau, \boldsymbol{\Omega})]}{\partial \varphi} = - I(\tau, \boldsymbol{\Omega}) + S(\tau, \boldsymbol{\Omega}) \tag{4-2}$$

对于不透明漫射灰表面，边界条件为

$$I(\tau_{\mathrm{w}}, \boldsymbol{\Omega}) = \varepsilon_{\mathrm{w}} I_{\mathrm{b,w}} + \frac{1 - \varepsilon_{\mathrm{w}}}{\pi} \int_{\mu' > 0} \mu' I(\tau_{\mathrm{w}}, \boldsymbol{\Omega}') \mathrm{d}\boldsymbol{\Omega}', \quad \mu \leqslant 0 \tag{4-3}$$

如图 4-1 所示，对于一维圆柱形介质，有如下对称条件：

$$I(\tau,\ \varphi,\ \theta) = I(\tau,\ 2\pi - \varphi,\ \theta) = I(\tau,\ \varphi,\ \pi - \theta) \tag{4-4}$$

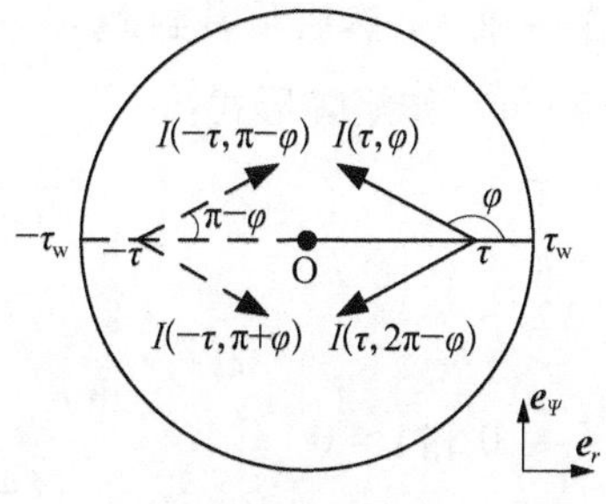

(a) 在相同极角条件下$r-\Psi$平面上

(b) 在相同周向角条件下$r-z$平面上

图 4-1　对称条件示意图

因此在角向仅需要考虑计算空间 $\varphi \in [0,\ \pi]$ 和 $\theta \in [0,\ \pi/2]$。

4.2　配置点谱方法求解圆柱坐标系下辐射传递方程

本节采用 CGR 节点离散半径方向，采用 CG 节点离散 φ 和 θ 方向，由此可以得到方程(4-1)的离散形式，

$$\frac{2\mu^{m,\,n}}{\tau_{\mathrm{w}}}\sum_{j=0}^{N_\tau} D_{\alpha_\tau,\,ij}^{\mathrm{CGR}} I_j^{m,\,n} - \frac{2\eta^{m,\,n}}{\pi\tau_i}\sum_{m'=0}^{N_\varphi} D_{\alpha_\varphi,\,mm'}^{\mathrm{CG}} I_i^{m',\,n} + I_i^{m,\,n} = S_i^{m,\,n},$$
$$i = 0,\ 1,\ \cdots,\ N_\tau;\ m = 0,\ 1,\ \cdots,\ N_\varphi;\ n = 0,\ 1,\ \cdots,\ N_\theta \tag{4-5}$$

其中，对于线性各向异性介质，

$$S_i^{m,\,n} = (1 - \omega) I_{\mathrm{b},\,i} + \frac{\omega\pi}{8}\sum_{m'=0}^{N_\varphi}\sum_{n'=0}^{N_\theta} I_i^{m',\,n'}(1 + a_1 \mu^{m',\,n'}\mu^{m,\,n})\sin\theta^{n'}\tilde{w}_\theta^{n'}\tilde{w}_\varphi^{m'} \tag{4-6}$$

类似地，可以得到离散的边界条件：

$$I_0^{m,\,n} = \varepsilon_{\mathrm{w}} I_{\mathrm{b,\,w}} + \frac{\pi(1 - \varepsilon_{\mathrm{w}})}{2}\sum_{\substack{m'=0\\ \mu^{m',\,n'}>0}}^{N_\varphi}\sum_{n'=0}^{N_\theta} I_0^{m',\,n'}\mu^{m',\,n'}\sin\theta^{n'}\tilde{w}_\theta^{n'}\tilde{w}_\varphi^{m'},\quad \mu^{m,\,n} \leqslant 0 \tag{4-7}$$

需要提及的是,Chebyshev 配置点谱方法并不适用于求解守恒形式的辐射传递方程(4-2),这一点将在 4.3 节作详细讨论。

为了关注 Chebyshev 配置点谱方法本身的性质,同时便于分析,本章只考虑直接求解器。将三维的辐射强度 $I_i^{m,n}$ 写作一维 I_s,然后将其封装入一个列向量中。此时,离散方程(4-5)和方程(4-7)可写作矩阵形式:

$$\boldsymbol{A}\boldsymbol{I} = \boldsymbol{f} \tag{4-8}$$

其中,向量 $\boldsymbol{f}$ 的元素表达式为

$$f_s = \begin{cases} \varepsilon_{\mathrm{w}} I_{\mathrm{b,w}}, & \mu^{m,n} \leqslant 0 \text{ 和 } i = 0 \\ (1-\omega) I_{\mathrm{b},i}, & \text{其他} \end{cases} \tag{4-9}$$

系数矩阵 $\boldsymbol{A}$ 的元素表达式在附录 A 中以伪代码的形式给出,其中各索引之间的关系为

$$\begin{cases} s = (N_\tau + 1) \times (N_\varphi + 1) \times n + (N_\tau + 1) \times m + (i + 1) \\ t = (N_\tau + 1) \times (N_\varphi + 1) \times n' + (N_\tau + 1) \times m' + (j + 1) \end{cases} \tag{4-10}$$

需要注意的是,矩阵 $\boldsymbol{A}$ 是一个非对称的稀疏矩阵,其非零元素的比例低于 $\dfrac{1}{N_\tau + 1} + \dfrac{1}{(N_\theta + 1)(N_\varphi + 1)}$。对于节点数比较多时,Krylov 子空间迭代法如广义最小残差法(generalized minimal residual, GMRES)或稳定双共轭梯度法(Bi-conjugate gradient stabilized, Bi-CGStab)更适合用来求解方程(4-8)。但出于简单考虑,本章只采用直接求逆的方法。

4.3 辐射传递方程数值精度的影响因素

4.3.1 辐射传递方程表达形式的影响

在 4.2 节提及 Chebyshev 配置点谱方法并不适用于求解守恒形式的辐射传递方程,本小节对此展开详细讨论。守恒形式的辐射传递方程(4-2)的离散形式为

$$\frac{2\mu^{m,n}}{\tau_{\mathrm{w}}\tau_i}\sum_{j=0}^{N_\tau} D_{\alpha_\tau,ij}^{\mathrm{CGR}}\tau_j I_j^{m,n} - \frac{2}{\pi\tau_i}\sum_{m'=0}^{N_\varphi} D_{\alpha_\varphi,mm'}^{\mathrm{CG}}\eta^{m',n} I_i^{m',n} + I_i^{m,n} = S_i^{m,n},$$

$$i = 0, 1, \cdots, N_\tau;\ m = 0, 1, \cdots, N_\varphi;\ n = 0, 1, \cdots, N_\theta \quad (4-11)$$

方程(4-11)与边界条件(4-7)同样可写作矩阵方程(4-8)的形式并直接求解。

当采用守恒形式的控制方程时，数值结果通常出现非物理的负辐射强度值，甚至加密网格也不一定能确保辐射强度为正值，如图 4-2 所示。而且结果的精度非常差，如图 4-3 所示。辐射热流量的最大误差总是高于 10^{-3}，并且随着径向网格加密而增加。

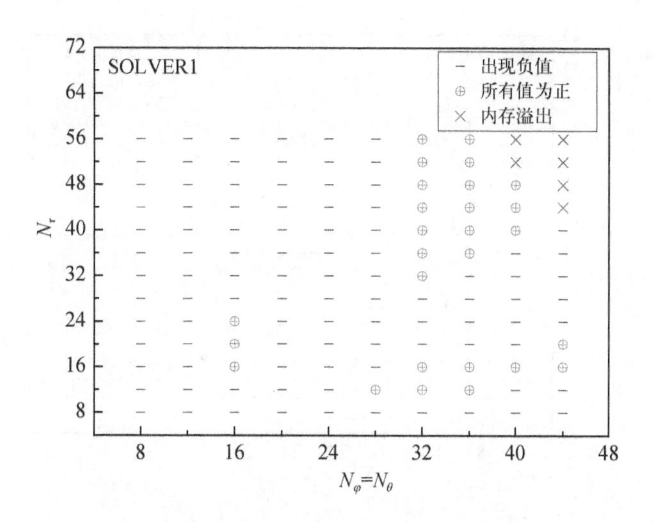

图 4-2　守恒形式的辐射传递方程得到的辐射强度的符号

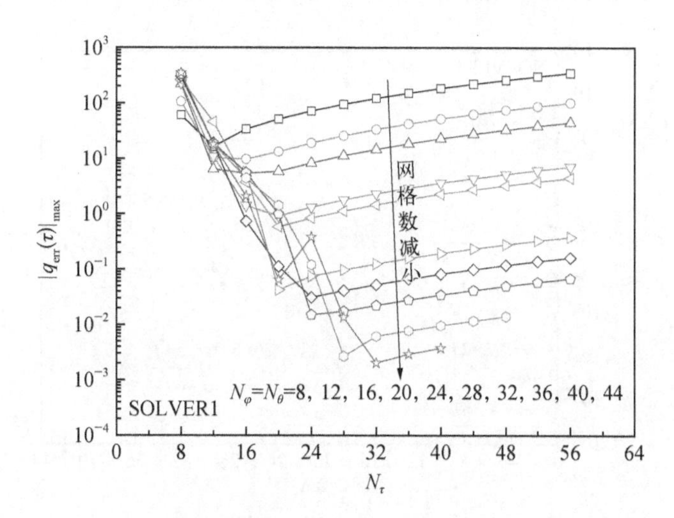

图 4-3　与基准解相比，守恒形式的辐射传递方程得到的辐射热流量 $q(\tau)$ 的最大相对误差

而采用非守恒形式的辐射传递方程时，精度大幅提高，如图 4-4~图 4-6 所示。从图 4-4 中可以很明确地看出，当 N_φ 和 N_θ 为奇数或 N_φ, $N_\theta \geqslant 23$ 时，辐射强度总是正的。进一步的研究表明辐射强度的符号仅与周向网格数 $(N_\varphi + 1)$ 有关，而与极向网格数 $(N_\theta + 1)$ 无关。N_φ 取为偶数时可能会引起物理上不真实的振荡，即负的辐射强度值。其原因是此时方向余弦 $\mu = 0$，方程 (4-1) 中的空间偏微分项消失，这将导致方程数学性质的变化。Howell 等[1]

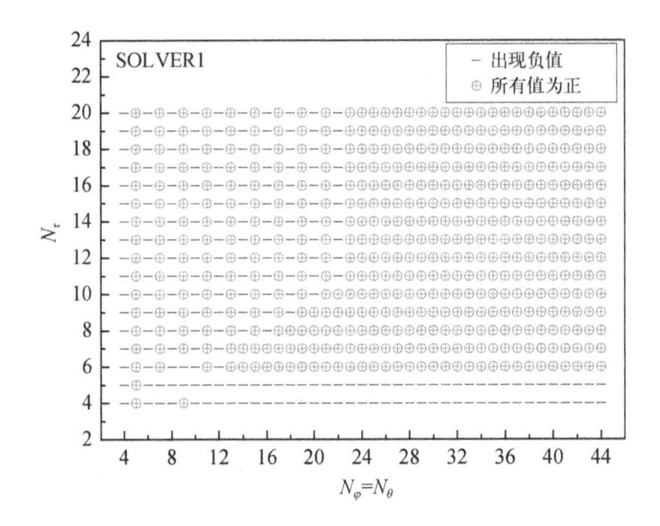

图 4-4　非守恒形式的辐射传递方程得到的辐射强度的符号

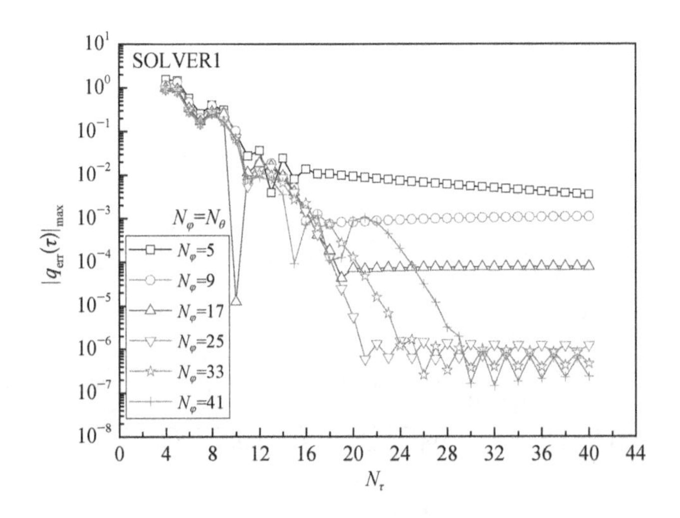

图 4-5　非守恒形式的辐射传递方程得到的辐射热流量 $q(\tau)$ 的最大相对误差与径向网格分辨率之间的关系

曾在采用离散坐标法研究平板间介质辐射传热时讨论过一个类似的问题。由 $\mu = 0$(N_φ 为偶数)导致的振荡可以通过增大 N_φ 值来减弱。这是因为 N_φ 值增大后,离散方程的数量增加,而 $\mu = 0$ 对应的方程对整体的影响会相对减弱。N_φ 的奇偶性也会较为明显地影响辐射热流量的计算精度,如图 4-6 所示。但为避免负的辐射强度值,在下面的计算中,仅讨论 N_φ 为奇数。

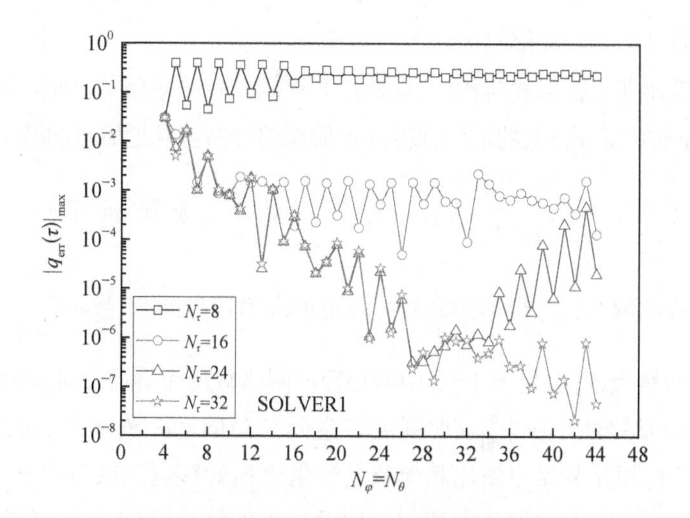

图 4-6　非守恒形式的辐射传递方程得到的辐射热流量 $q(\tau)$ 的最大相对误差与角向网格分辨率之间的关系

综合图 4-2 和图 4-4,可以看到,非物理振荡解更容易出现在守恒形式的辐射传递方程求解中,其原因是谱近似中使用了全部节点上的信息。而对于仅仅使用了相邻节点上信息的离散坐标法或有限体积法,文献中未曾报道过而且也没有迹象表明非守恒形式较守恒形式更好地避免非物理振荡。

为解释使用 Chebyshev 配置点谱方法时出现的这一异常现象,假设 $\dfrac{\partial I(\tau,\, \boldsymbol{\Omega})}{\partial \varphi} \to 0$ 以及 $S(\tau,\, \boldsymbol{\Omega}) \to 0$。对于守恒形式方程中的空间偏微分项,有

$$\frac{\mu^{m,n}}{\tau_i}\frac{\partial(\tau I^{m,n})}{\partial \tau}\bigg|_{\tau=\tau_i} \cong \frac{2\mu^{m,n}}{\tau_w \tau_i}\sum_{j=0}^{N_\tau} D^{CGR}_{\alpha_\tau,\,ij}\tau_j I_j^{m,n} \sim -\left(1-\frac{\mu^{m,n}}{\tau_i}\right) I_i^{m,n} \quad (4-12a)$$

该式可以重写为

$$\frac{2\mu^{m,n}}{\tau_w(\tau_i-\mu^{m,n})}\sum_{j=0}^{N_\tau} D^{CGR}_{\alpha_\tau,\,ij}\tau_j I_j^{m,n} \sim -I_i^{m,n} \quad (4-12b)$$

这与非守恒形式方程中的空间偏微分项：

$$\mu^{m,n}\frac{\partial I^{m,n}}{\partial\tau}\bigg|_{\tau=\tau_i}\cong\frac{2\mu^{m,n}}{\tau_{\mathrm{w}}}\sum_{j=0}^{N_\tau}D_{\alpha_\tau,ij}^{\mathrm{CGR}}I_j^{m,n}\sim-I_i^{m,n}\tag{4-13}$$

相差一个系数 $\dfrac{\tau_j}{\tau_i-\mu^{m,n}}$。根据方程(4-12b)和方程(4-13)，为计算节点 τ_i 上的辐射强度 $I_i^{m,n}$，需要相同角向的所有节点 $\tau_j(j=0,\cdots,N_\tau)$ 上的辐射强度 $I_j^{m,n}$。与采用非守恒形式时相比，在通过方程(4-12b)求解 $I_i^{m,n}$ 时，靠近边界的节点 τ_j(即 τ_j 接近 τ_0)上的辐射强度的数值误差传播至靠近原点的节点 τ_i 上(即 τ_i 接近 0)会放大 $\dfrac{\tau_j}{\tau_i-\mu^{m,n}}$ 倍。而当 $\mu^{m,n}\to0$，这个系数会非常大。因此，非守恒形式方程的解会比守恒形式方程的解更加准确。另外，系数 $\dfrac{\tau_j}{\tau_i-\mu^{m,n}}$ 会随着 τ_i 的减小而增大，这也是图 4-3 中增加径向网格数反而会增大误差的原因。

在一维常物性介质中，辐射强度在空间和角向都是连续的，这意味着，在求解 $I_i^{m,n}$ 时，相邻节点应该比其他节点产生更强的影响。在节点 τ_i 靠近原点时，有 $\tau_0\gg\tau_{i-1}$。而根据从方程(4-12b)导出的结论，靠近原点的节点上的辐射强度值($I_i^{m,n}$)比起相邻节点上的值($I_j^{m,n}$, $j=i-1$)更依赖于靠近壁面的值($I_j^{m,n}$, $j=0$)。这个结论是违背物理事实的，这意味着采用守恒形式的辐射传递方程非常容易产生非物理解。

类似地，假设 $\dfrac{\partial I(\tau,\boldsymbol{\Omega})}{\partial\tau}\to0$ 以及 $S(\tau,\boldsymbol{\Omega})\to0$。对于守恒形式方程中的角向偏微分项，有

$$\frac{1}{\tau_i}\frac{\partial(\eta^nI_i^n)}{\partial\varphi}\bigg|_{\varphi=\varphi^m}\cong\frac{2}{\pi\tau_i}\sum_{m'=0}^{N_\varphi}D_{\alpha_\varphi,mm'}^{\mathrm{CG}}\eta^{m',n}I_i^{m',n}\sim\left(1-\frac{\mu^{m,n}}{\tau_i}\right)I_i^{m,n}\tag{4-14a}$$

该式可以重写为

$$\frac{2}{\pi(\tau_i-\mu^{m,n})}\sum_{m'=0}^{N_\varphi}D_{\alpha_\varphi,mm'}^{\mathrm{CG}}\eta^{m',n}I_i^{m',n}\sim I_i^{m,n}\tag{4-14b}$$

这与非守恒形式方程中的角向偏微分项：

$$\frac{\eta^{m,n}}{\tau_i}\frac{\partial I_i^n}{\partial \varphi}\bigg|_{\varphi=\varphi^m} \cong \frac{2\eta^{m,n}}{\pi\tau_i}\sum_{m'=0}^{N_\varphi} D_{\alpha_\varphi,mm'}^{\mathrm{CG}} I_i^{m',n} \sim I_i^{m,n} \tag{4-15}$$

相差一个系数 $\dfrac{\eta^{m',n}\tau_i}{\eta^{m,n}(\tau_i-\mu^{m,n})}$。与上面的分析类似，可以得知守恒形式方程的误差比非守恒形式放大了 $\dfrac{\eta^{m',n}\tau_i}{\eta^{m,n}(\tau_i-\mu^{m,n})}$ 倍，而且守恒形式方程的近似非常容易产生非物理解。

根据上面的分析可以推广并预测，在曲线坐标系中，由于径向变量出现在偏微分项中，不宜采用全局性的配置点谱方法求解守恒形式的方程。使用 Chebyshev 配置点谱方法求解守恒形式的辐射微积分传递方程时，靠近原点处出现了非物理振荡，而改为求解非守恒形式的方程时，振荡消失了。在接下来的讨论中只考虑非守恒形式的辐射传递方程。

4.3.2　离散网格分辨率的影响

图 4 - 5 表明 SOLVER1 在径向具有所谓的指数收敛，增加 3 个节点可以将精度提高 1 个数量级。但是在角向，可以看到增加网格数可能反而会增大误差。我们将这种异常现象称为"奇异效应"。从图 4 - 6 中可以清晰地看出这种现象可以通过增加径向网格数消除。图 4 - 7 和图 4 - 8 表明这类误差仅

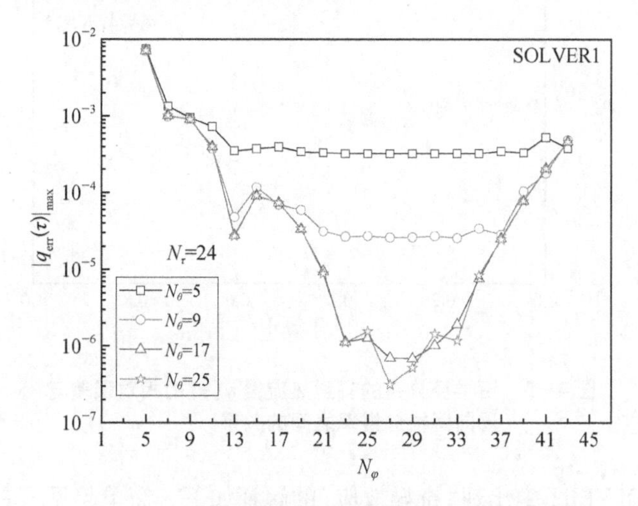

图 4 - 7　非守恒形式的辐射传递方程得到的辐射热流量 $q(\tau)$ 的最大相对误差与周向网格分辨率之间的关系

随 N_φ 而不随 N_θ 增大而增大。同时在周向和极向也观察到指数收敛。“奇异效应”中出现的数值振荡起源于靠近原点的节点。在加密周向网格后,靠近原点的节点上的误差急剧增大并传播至其他节点,如图 4-9 所示。

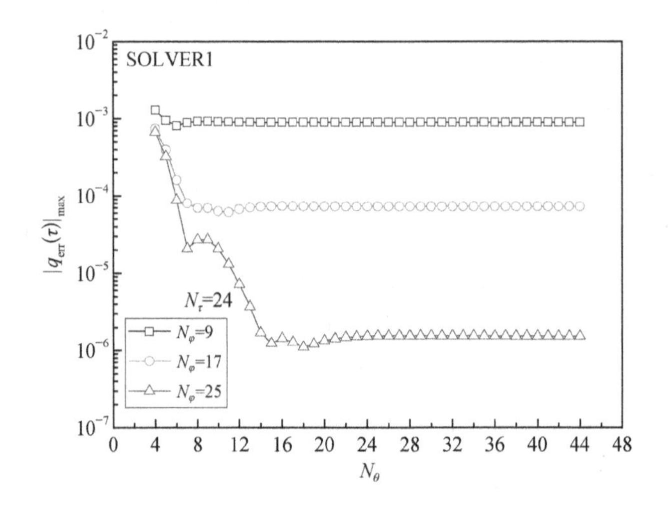

图 4-8 非守恒形式的辐射传递方程得到的辐射热流量 $q(\tau)$ 的最大相对误差与极向网格分辨率之间的关系

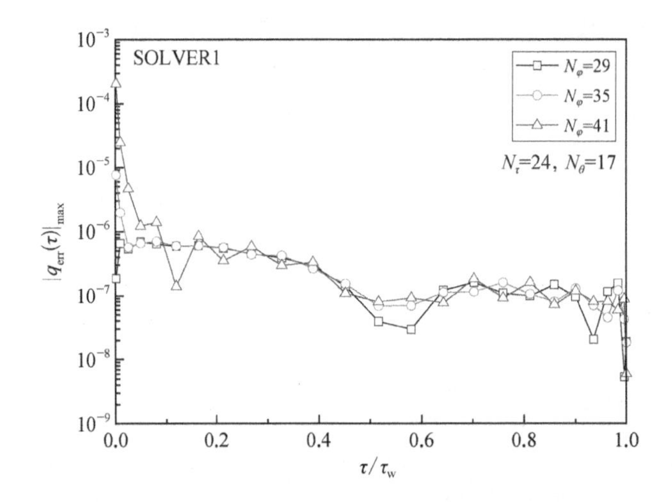

图 4-9 沿半径分布的辐射热流量 $q(\tau)$ 的相对误差与周向网格分辨率之间的关系

关于 SOLVER1 中出现“奇异效应”的解释如下。简单起见,在分析中不考虑散射相的影响。

首先,考虑一个周向网格改用 CGL 节点的特殊情况。此时,系数矩阵 $\boldsymbol{A}$ 是不满秩的,矩阵方程具有无穷多组解。其原因为 $\eta^{m,n}$ 可以取为零。在这些方向,辐射传递方程退化为

$$\mu\frac{\partial I(\tau,\boldsymbol{\Omega})}{\partial\tau}=-I(\tau,\boldsymbol{\Omega})+S(\tau,\boldsymbol{\Omega}) \tag{4-16}$$

方程(4-16)是抛物型方程,其中空间偏微分项是一阶的。为求解 $I_{N_\tau}^{m,n}$ 需要从上游节点获取信息。然而,在方向 $\varphi=0(\eta=0)$,节点 τ_{N_τ} 不能从上游获取任何信息。对于一维的辐射传递方程,还有另一个对称条件:

$$I(\tau,\varphi,\theta)=I(-\tau,\pi+\varphi,\theta) \tag{4-17}$$

因此

$$I(\tau_{N_\tau+1},\varphi=0,\theta)=I(\tau_{N_\tau},\varphi=\pi,\theta) \tag{4-18}$$

这意味着在节点 τ_{N_τ} 上方向为 $\varphi=0$ 时,可以采用守恒形式的方程代替非守恒形式的方程以从角向偏微分项上获取上游节点的信息。如此,尽管“奇异效应”仍然存在,但此时可以获取唯一解。

回到周向网格采用 CG 节点的情况。根据对称条件(4-4)和对称条件(4-17),可以得到如图 4-10 所示的辐射强度对称条件(4-19)。

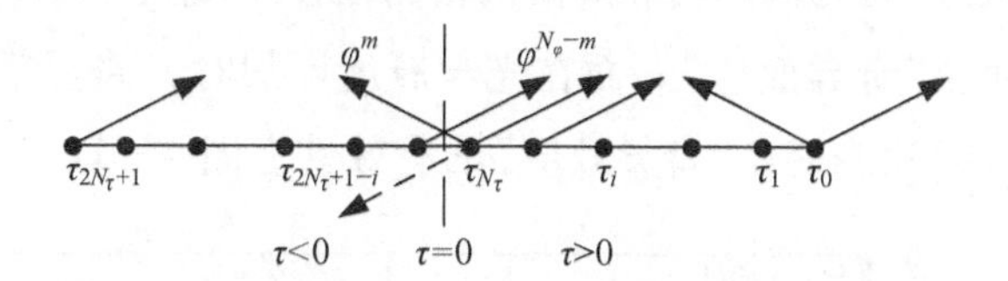

图 4-10　对称条件(4-19)中空间位置与角向传播方向示意图

类似地,当 $\mu^{m,n}>0$,在求解 $I_{N_\tau}^{m,n}$ 时,节点 τ_{N_τ} 不能由空间偏微分项从上游节点获取必要的信息。不过由于方程(4-19)的存在,这些必要的信息可以从角向偏微分项 $\left.\frac{\eta^{m,n}}{\tau_{N_\tau}}\frac{\partial I_{N_\tau}^n}{\partial\varphi}\right|_{\varphi=\varphi^m}\cong\frac{2\eta^{m,n}}{\pi\tau_{N_\tau}}\sum_{m'=0}^{N_\varphi}D_{\alpha_\varphi,mm'}^{CG}I_{N_\tau}^{m',n}$ 间接获得。因此,结果的精度会高度依赖于系数 $\frac{\eta^{m,n}}{\tau_{N_\tau}}$ 的值。对于给定的空间网格,加密周向网格会增加数值误差,这是因为 $\eta^{N_\varphi,n}$ [即当 $\mu^{m,n}>0$ 时的 $(\eta^{m,n})_{\min}$] 的减小会导致角向偏微分项的影响减弱而减少提供给节点 τ_{N_τ} 的信息。另外,对于给定的角向网格,加密径

向网格会减少数值误差,这是因为 τ_{N_τ} 的减小会增强角向偏微分项的影响。由于 $I_{N_\tau}^{N_\varphi, n}$ 的值比起下游节点更应取决于上游节点,角向偏微分项的影响应当强于空间偏微分项的影响。基于此,我们提出下列不等式以减少"奇异效应",

$$I(\tau_{N_\tau+1}, \varphi^{N_\varphi-m}, \theta^n) = I(\tau_{N_\tau}, \varphi^m, \theta^n) \tag{4-19}$$

$$\frac{\eta^{N_\varphi, n}}{\tau_{N_\tau}} \gg \mu^{N_\varphi, n} \Rightarrow \frac{\eta^{N_\varphi, n}}{\tau_{N_\tau}} > 10\mu^{N_\varphi, n} \Rightarrow \frac{\sin\varphi^{N_\varphi}}{\tau_{N_\tau}} > 10\cos\varphi^{N_\varphi} \Rightarrow \frac{\varphi^{N_\varphi}}{\tau_{N_\tau}} > 10$$

$$\Rightarrow \frac{\dfrac{\pi}{2}\left[\cos\dfrac{(2N_\varphi+1)\pi}{2N_\varphi+2}+1\right]}{\dfrac{\tau_w}{2}\left(\cos\dfrac{2N_\tau\pi}{2N_\tau+1}+1\right)} > 10 \Rightarrow \frac{\pi\left[-\cos\dfrac{\pi}{2N_\varphi+2}+1\right]}{\tau_w\left(-\cos\dfrac{\pi}{2N_\tau+1}+1\right)} > 10$$

$$\Rightarrow \frac{2\sin^2\dfrac{\pi}{2(2N_\varphi+2)}}{2\sin^2\dfrac{\pi}{2(2N_\tau+1)}} > \frac{10\tau_w}{\pi} \Rightarrow \frac{2N_\tau+1}{2N_\varphi+2} > \sqrt{\frac{10\tau_w}{\pi}} \tag{4-20}$$

方程(4-20)表明"奇异效应"与极向网格数无关。方程(4-20)同时也揭示了"奇异效应"与径向网格和周向网格的依赖性,即增大 N_φ 值时需要同时增大 N_τ 值以避免"奇异效应"。而在光学厚度增加时,"奇异效应"更容易发生。方程(4-20)用来避免"奇异效应"的有效性在图 4-11 中得证。当没有

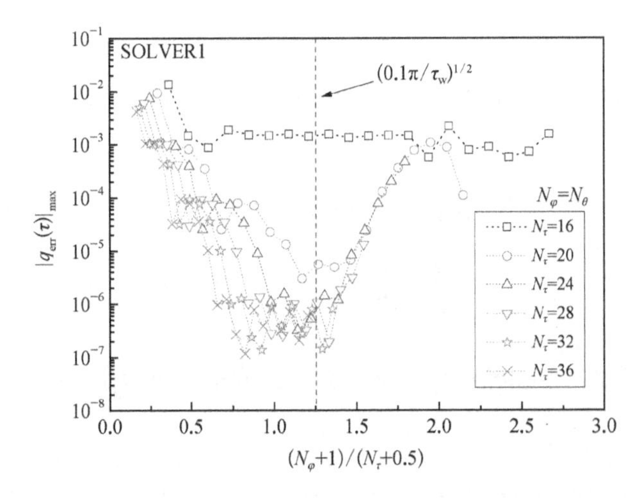

图 4-11 方程(4-20)的验证

满足这个不等式时,可以看到“奇异效应”很快就发生了。

4.3.3　径向网格节点类型的影响

本小节基于其他离散半径的方式发展了另外两个求解器。表 4－1 中给出了每个求解器的配置点类型和对应的计算区间。图 4－12 展示了三个求解器径向网格的差异。

表 4－1　三个求解器在半径方向的配置点类型和计算区间

	SOLVER1	SOLVER2	SOLVER3
配置点类型	CGR	CGL	CGL
计算区间	$\tau_i \in (0, \tau_w)$	$\tau_i \in [0, \tau_w]$	$\tau_i \in [-\tau_w, \tau_w]$

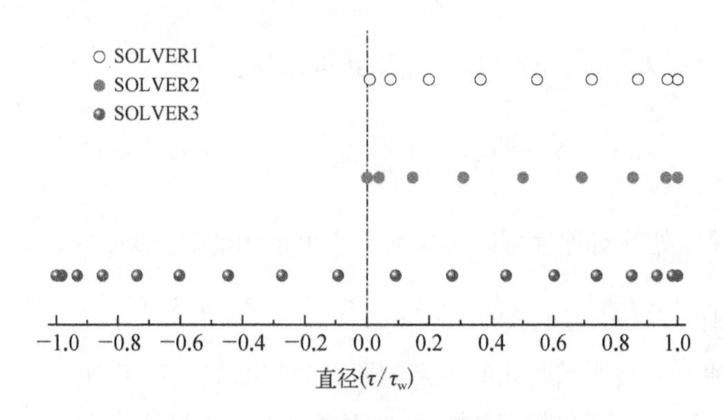

图 4－12　三个求解器的径向网格分布

对于 SOLVER2,改为采用 CGL 节点离散半径:

$$\tau_j = \frac{\tau_w}{2}(\alpha_{\tau,j}^{CGL} + 1) = \frac{\tau_w}{2}\left(\cos\frac{\pi j}{N_\tau} + 1\right) \tag{4-21}$$

然后可以得到离散的辐射传递方程:

$$\frac{2\mu^{m,n}}{\tau_w}\sum_{j=0}^{N_\tau} D_{\alpha_\tau,ij}^{CGL} I_j^{m,n} - \frac{2\eta^{m,n}}{\pi\tau_i}\sum_{m'=0}^{N_\varphi} D_{\alpha_\varphi,mm'}^{CG} I_i^{m',n} + I_i^{m,n} = S_i^{m,n},\quad i = 0, 1, \cdots, N_\tau \tag{4-22}$$

由于原点存在奇异性,还需要一个附加的极点条件。在此选用一个类似

于离散坐标法中的极点条件[2]。将方程(4-1)两边同时乘以 τ 并令 τ 等于零,可得

$$\left.\frac{\partial I}{\partial \varphi}\right|_{\tau \to 0} = 0 \tag{4-23}$$

将其离散即可得

$$I_{N_\tau}^{m,\,n} = I_{N_\tau}^{-1/2,\,n}, \quad m = 0,\, 1,\, \cdots,\, N_\varphi \tag{4-24}$$

其中,$m = -1/2$,意味着 $\varphi^m = \pi$。为施加方程(4-24)需要计算一个初始方向的辐射强度以得到 $I_{N_\tau}^{-1/2,\,n}$。如方程(4-1)所示,由于角向偏微分项消失了,辐射传递方程有一个更简单的形式:

$$-\sin\theta^n \frac{\partial I^{-1/2,\,n}}{\partial \tau} = -I^{-1/2,\,n} + S^{-1/2,\,n} \tag{4-25}$$

在 $\varphi^m = \pi$ 方向的微分可以由插值获得,因此

$$-\frac{2}{\tau_{\mathrm{w}}}\sin\theta^n \sum_{m'=0}^{N_\varphi} h_{m'}^{\mathrm{CG}}(\varphi^{-1/2}) \sum_{j=0}^{N_\tau} D_{\alpha_\tau,\, N_\tau j}^{\mathrm{CGR}} I_j^{m',\,n} + I_{N_\tau}^{m,\,n} = S_{N_\tau}^{-1/2,\,n} \tag{4-26}$$

利用原点处的对称性可以得到另一个可采用的极点条件:

$$I_{N_\tau}^{m,\,n} = I_{N_\tau}^{N_\varphi - m,\,n}, \quad m = (N_\varphi + 1)/2,\, (N_\varphi + 3)/2,\, \cdots,\, N_\varphi \tag{4-27}$$

根据方程(4-23),原点与相邻节点的联系是切断的。对于极点条件(4-24),该联系由方程(4-26)重新建立,因此对于式(4-27)还需要补充一个方程。采用方程(4-2),在方程两边同时乘以 τ 并令 τ 等于零,可得

$$\mu \frac{\partial[\tau I(\tau,\, \boldsymbol{\Omega})]}{\partial \tau} - \frac{\partial[\eta I(\tau,\, \boldsymbol{\Omega})]}{\partial \varphi} = 0, \quad \tau \to 0 \tag{4-28}$$

因此,对于 $\mu^{m,\,n} < 0$ 方向,有

$$\frac{2\mu^{m,\,n}}{\tau_{\mathrm{w}}} \sum_{j=0}^{N_\tau} D_{\alpha_\tau,\, N_\tau j}^{\mathrm{CGL}} \tau_j I_j^{m,\,n} - \frac{2}{\pi} D_{\alpha_\varphi,\, mm'}^{\mathrm{CGL}} \eta^{m',\,n} = 0, \quad m = 0,\, 1,\, \cdots,\, (N_\varphi - 1)/2 \tag{4-29}$$

对于 SOLVER3,其思想为将计算区间由 $\tau \in [0,\, \tau_{\mathrm{w}}]$ 拓展到 $\tau \in [-\tau_{\mathrm{w}},\, \tau_{\mathrm{w}}]$。此时,需要满足对称条件(4-17)。结合对称条件(4-4)和对称条件

(4-17),可以得到:

$$I(\tau,\ \varphi,\ \theta) = I(-\tau,\ \pi - \varphi,\ \theta) \tag{4-30}$$

采用 CGL 节点离散直径,为避免 $\tau = 0$, 采用偶数个节点。因此半径上的离散点为

$$\tau_j = \tau_{\mathrm{w}} \alpha_{\tau,j}^{\mathrm{CGL}} = \tau_{\mathrm{w}} \cos \frac{\pi j}{2N_\tau + 1}, \quad j = 0,\ 1,\ \cdots,\ N_\tau \tag{4-31}$$

利用对称条件(4-30),可以得到离散的辐射传递方程:

$$\frac{\mu^{m,n}}{\tau_{\mathrm{w}}}\left(\sum_{j=0}^{N_\tau} D_{\alpha_\tau,ij}^{\mathrm{CGL}} I_j^{m,n} + \sum_{j=0}^{N_\tau} D_{\alpha_\tau,i(2N_\tau+1-j)}^{\mathrm{CGL}} I_j^{N_\varphi - m,n}\right) - \frac{2\eta^{m,n}}{\pi\tau_i}\sum_{m'=0}^{N_\varphi} D_{\alpha_\varphi,mm'}^{\mathrm{CG}} I_i^{m',n} + I_i^{m,n} = S_i^{m,n},$$

$$i = 0,\ 1,\ \cdots,\ N_\tau \tag{4-32}$$

关于三个求解器的精度的对比见图 4-13。三个求解器在角向的收敛速率是一致的。在 SOLVER2 中,由于极点条件的施加,"奇异效应"有所减弱,两种极点条件的差异也较小。但极点条件的提供的上游信息是间接的,相比下游直接提供的信息,极点条件提供的信息显得"不够多",因此"奇异效应"仍然存在。在 SOLVER3 中,由于空间偏导项是沿着直径离散的,靠近原点的节点总能从上游节点获取信息,因此"奇异效应"消失了。下面的计算中仅仅讨论 SOLVER3。

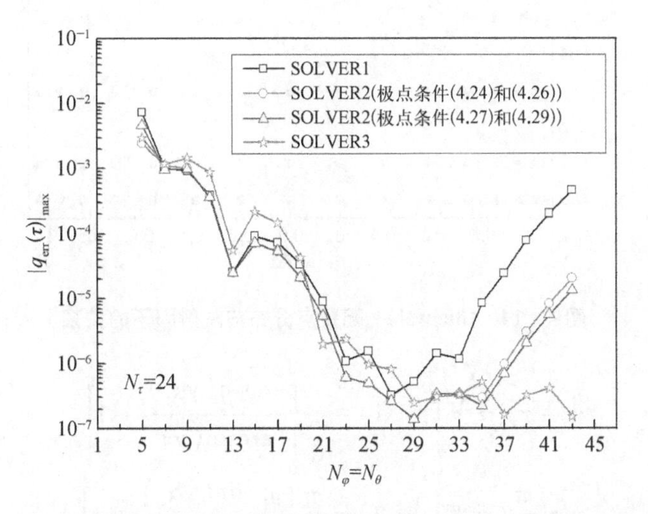

图 4-13　对比三个不同的求解器得到的辐射热流量 $q(\tau)$ 的最大相对误差

4.3.4 网格映射的影响

在一些情况下,辐射传热问题或其耦合问题是瞬态的。对于 Chebyshev 配置点谱方法,可以采用网格映射产生一些更加均匀的网格,以便使用更大的时间步长[3,4]。但在此出于另外一个目的使用网格映射。文献[3,5]认为合适的网格映射可以提高谱近似的精度。为探明这是否也在求解辐射传递方程时成立,我们在本小节中研究网格映射对数值精度的影响。

由 Kosloff 和 Tal-Ezer[4] 提出的一种网格映射(文献[5]中称为 Kosloff-Tal-Ezer 变换)十分常用,

$$\alpha\_\mathrm{KT} = \frac{\arcsin(\gamma\alpha)}{\arcsin(\gamma)} \tag{4-33}$$

其中,映射因子 $\gamma \in (0,\ 1)$。当 $\gamma \to 1$ 时,网格十分均匀。而当 γ 由 0 增加至 0.9 的过程中,该映射仅仅是稍稍移动了网格节点,它们仍然聚集在端点附近,如图 4-14 所示,其中,$\gamma = 0$ 代表没有经过映射的网格,$\gamma = 1$ 代表完全均匀的网格。在径向、周向和极向分别采用上述映射均匀化网格,

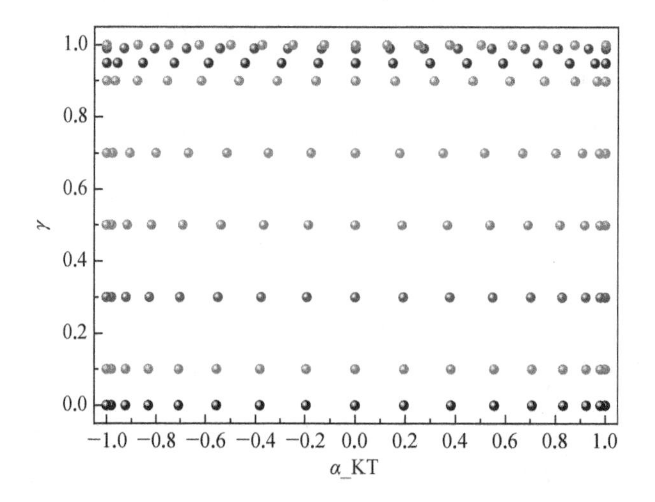

图 4-14 Chebyshev 配置点分布与映射因子的关系

$$\tau = \tau_{\mathrm{w}}(\alpha\_\mathrm{KT}_{\tau} + 1) = \tau_{\mathrm{w}}\left[\frac{\arcsin(\gamma\alpha_{\tau})}{\arcsin(\gamma)} + 1\right] \tag{4-34a}$$

$$\varphi = \frac{\pi}{2}(\alpha\_\mathrm{KT}_{\varphi} + 1) = \frac{\pi}{2}\left[\frac{\arcsin(\gamma\alpha_{\varphi})}{\arcsin(\gamma)} + 1\right] \tag{4-34b}$$

$$\theta = \frac{\pi}{2}(\alpha\_\mathrm{KT}_\theta + 1) = \frac{\pi}{4}\left[\frac{\arcsin(\gamma\alpha_\theta)}{\arcsin(\gamma)} + 1\right] \tag{4-34c}$$

可以得到三个方向分别进行网格映射后的离散方程，

$$\begin{aligned}&\frac{\mu^{m,n}}{\tau_\mathrm{w}}\frac{\sqrt{1-(\gamma\alpha_{\tau,i}^{\mathrm{CGL}})^2}\arcsin\gamma}{\gamma}\left(\sum_{j=0}^{N_\tau}D_{\alpha_\tau,ij}^{\mathrm{CGL}}I_j^{m,n} + \sum_{j=0}^{N_\tau}D_{\alpha_\tau,i(2N_\tau+1-j)}^{\mathrm{CGL}}I_j^{N_\varphi-m,n}\right)\\&-\frac{2\eta^{m,n}}{\pi\tau_i}\sum_{m'=0}^{N_\varphi}D_{\alpha_\varphi,mm'}^{\mathrm{CG}}I_i^{m',n} + I_i^{m,n}\\&= (1-\omega)I_{\mathrm{b},i} + \frac{\omega\pi}{8}\sum_{m'=0}^{N_\varphi}\sum_{n'=0}^{N_\theta}I_i^{m',n'}(1+a_1\mu^{m',n'}\mu^{m,n})\sin\theta^{n'}\tilde{w}_\theta^{n'}\tilde{w}_\varphi^{m'}\end{aligned} \tag{4-35a}$$

$$\begin{aligned}&\frac{\mu^{m,n}}{\tau_\mathrm{w}}\left(\sum_{j=0}^{N_\tau}D_{\alpha_\tau,ij}^{\mathrm{CGL}}I_j^{m,n} + \sum_{j=0}^{N_\tau}D_{\alpha_\tau,i(2N_\tau+1-j)}^{\mathrm{CGL}}I_j^{N_\varphi-m,n}\right)\\&-\frac{2\eta^{m,n}}{\pi\tau_i}\frac{\sqrt{1-(\gamma\alpha_{\varphi,m}^{\mathrm{CG}})^2}\arcsin\gamma}{\gamma}\sum_{m'=0}^{N_\varphi}D_{\alpha_\varphi,mm'}^{\mathrm{CG}}I_i^{m',n} + I_i^{m,n}\\&= (1-\omega)I_{\mathrm{b},i} + \frac{\omega\pi}{8}\sum_{m'=0}^{N_\varphi}\sum_{n'=0}^{N_\theta}I_i^{m',n'}(1+a_1\mu^{m',n'}\mu^{m,n})\frac{\gamma\sin\theta^{n'}\tilde{w}_\theta^{n'}\tilde{w}_\varphi^{m'}}{\sqrt{1-(\gamma\alpha_{\varphi,m'}^{\mathrm{CG}})^2}\arcsin\gamma}\end{aligned} \tag{4-35b}$$

$$\begin{aligned}&\frac{\mu^{m,n}}{\tau_\mathrm{w}}\left(\sum_{j=0}^{N_\tau}D_{\alpha_\tau,ij}^{\mathrm{CGL}}I_j^{m,n} + \sum_{j=0}^{N_\tau}D_{\alpha_\tau,i(2N_\tau+1-j)}^{\mathrm{CGL}}I_j^{N_\varphi-m,n}\right) - \frac{2\eta^{m,n}}{\pi\tau_i}\sum_{m'=0}^{N_\varphi}D_{\alpha_\varphi,mm'}^{\mathrm{CG}}I_i^{m',n} + I_i^{m,n}\\&= (1-\omega)I_{\mathrm{b},i} + \frac{\omega\pi}{8}\sum_{m'=0}^{N_\varphi}\sum_{n'=0}^{N_\theta}I_i^{m',n'}(1+a_1\mu^{m',n'}\mu^{m,n})\frac{\gamma\sin\theta^{n'}\tilde{w}_\theta^{n'}\tilde{w}_\varphi^{m'}}{\sqrt{1-(\gamma\alpha_{\theta,n'}^{\mathrm{CG}})^2}\arcsin\gamma}\end{aligned} \tag{4-35c}$$

图 4－15 展示了采用了网格映射后的辐射热流量的最大相对误差。可以看到，对于三个方向的网格映射，误差随 γ 增大的行为比较类似。当 $\gamma \leqslant 0.9$ 时，误差保持在 10^{-5} 左右。采用 $\gamma \leqslant 0.9$ 的映射与未映射的结果差别不大。而当 $\gamma > 0.9$ 时，误差增加十分迅速。当 $\gamma = 0.99$ 时，误差已经增加了 1~2 个量级。事实上，对比文献[6]中已有的报道，可以发现，网格映射对于

Chebyshev 配置点谱方法而言,其在辐射换热问题与圆柱状液桥内热毛细对流问题[6]中的效果是一致的,尽管前者的控制方程是抛物型的辐射传递方程,后者是椭圆型的 Navier - Stokes 方程。另外,本小节的研究对瞬态问题中如何选取更大的步长而不损失太多精度同样具有参考意义。

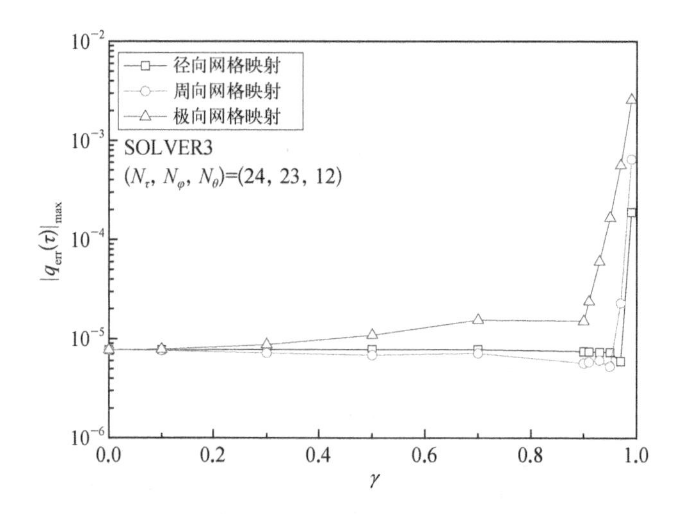

图 4 - 15 辐射热流量 $q(\tau)$ 的最大相对误差与映射因子的关系

4.3.5 极向变量形式的影响

对于无限微元立体角,有 $\mathrm{d}\Omega = \sin\theta\mathrm{d}\theta\mathrm{d}\varphi = \mathrm{d}\xi\mathrm{d}\varphi$, 因此可以采用方向余弦 $\xi = \cos\theta$ 取代极角 θ 作为自变量[7]。在离散坐标法中,采用方向余弦作为变量可以更方便地发展等权值积分格式,如 SRAP_N 格式[8]。而在谱方法中,毫无疑问,从数值积分的角度来看,这会导致计算精度与原来有所不同。在本小节中,研究分别采用两种变量的影响。

对于变量 ξ, 其离散网格节点为

$$\xi^n = \frac{1}{2}(\alpha_{\xi,n}^{\mathrm{CG}} + 1) = \frac{1}{2}\left[\cos\frac{(2n+1)\pi}{2N_\xi + 2} + 1\right] \tag{4-36}$$

对应离散方程为

$$\frac{\mu^{m,n}}{\tau_{\mathrm{w}}}\left(\sum_{j=0}^{N_\tau} D_{\alpha_\tau,ij}^{\mathrm{CGL}} I_j^{m,n} + \sum_{j=0}^{N_\tau} D_{\alpha_\tau,i(2N_\tau+1-j)}^{\mathrm{CGL}} I_j^{N_\varphi-m,n}\right) - \frac{2\eta^{m,n}}{\pi\tau_i}\sum_{m'=0}^{N_\varphi} D_{\alpha_\varphi,mm'}^{\mathrm{CG}} I_i^{m',n} + I_i^{m,n}$$

$$= (1-\omega)I_{\mathrm{b},i} + \frac{\omega}{4}\sum_{m'=0}^{N_\varphi}\sum_{n'=0}^{N_\xi} I_i^{m',n'}(1+a_1\mu^{m',n'}\mu^{m,n})\tilde{w}_\xi^{n'}\tilde{w}_\varphi^{m'}, \quad i = 0, 1, \cdots, N_\tau \tag{4-37}$$

离散边界为

$$I_0^{m,n} = \varepsilon_{\mathrm{w}} I_{\mathrm{b,w}} + (1-\varepsilon_{\mathrm{w}})\sum_{\substack{m'=0 \\ \mu^{m',n'}>0}}^{N_\varphi}\sum_{n'=0}^{N_\xi} I_0^{m',n'}\mu^{m',n'}\tilde{w}_\xi^{n'}\tilde{w}_\varphi^{m'}, \quad \mu^{m,n} < 0 \tag{4-38}$$

从图 4-16 可以看出,采用方向余弦 ξ 作为自变量会导致精度大幅下降。

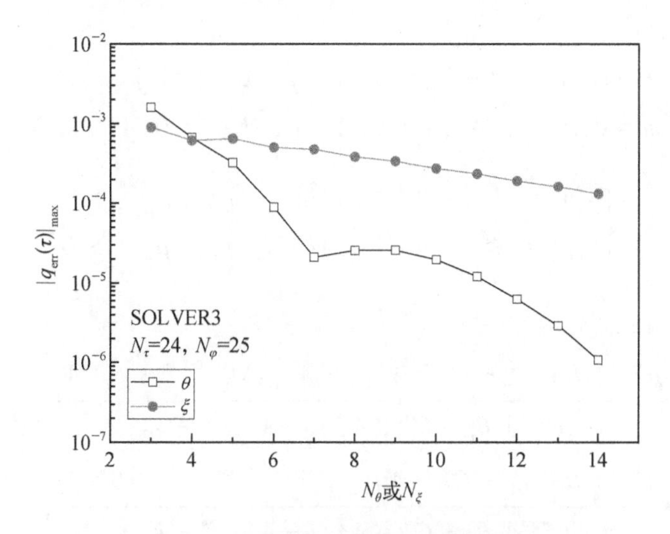

图 4-16　比较不同极向变量形式对辐射热流量 $q(\tau)$ 的最大相对误差的影响

4.4　不同求解方案对圆柱坐标系下辐射传递方程求解性能分析

4.4.1　离散坐标法

对于离散坐标法,采用守恒形式的辐射传递方程(4-2)以保证离散方程的守恒特性。在上节中提到对于 Chebyshev 配置点谱方法,应当采用非守恒形式的辐射传递方程(4-1),否则会导致较大的误差。因此,对于 Chebyshev 配

置点谱-离散坐标法仅将辐射传递方程(4-2)的空间偏微分项展开,

$$\mu\frac{\partial I(\tau,\boldsymbol{\Omega})}{\partial\tau}+\frac{\mu}{\tau}I(\tau,\boldsymbol{\Omega})-\frac{1}{\tau}\frac{\partial[\eta I(\tau,\boldsymbol{\Omega})]}{\partial\varphi}=-I(\tau,\boldsymbol{\Omega})+S(\tau,\boldsymbol{\Omega}) \tag{4-39}$$

边界条件仍假定为不透明漫射灰表面,其控制方程为(4-3)。

Lewis 和 Miller[9] 曾详细给出过球坐标系下中子输运问题的离散坐标法求解过程。对于圆柱系统的辐射传热问题,其求解过程与之类似。首先利用离散坐标法离散角向,其中角向偏微分项采用 Carlson 和 Lathrop[10] 的离散技巧,然后采用有限体积法进行空间离散,采用加权系数 $\hat{f}_\tau$ 和 $\hat{f}_\varphi$ 关联节点值与界面值,

$$I_i^{m-1/2,n}=[I_i^{m,n}-(1-\hat{f}_\varphi)I_i^{m+1/2,n}]/\hat{f}_\varphi,$$
$$m=0,1,\cdots,N_\varphi;\ n=0,1,\cdots,N_\theta;\ i=0,1,\cdots,N_\tau \tag{4-40}$$

$$\begin{cases}I_{i-1/2}^{m,n}=[I_i^{m,n}-(1-\hat{f}_\tau)I_{i+1/2}^{m,n}]/\hat{f}_\tau, & \mu^{m,n}\leqslant 0\\ I_{i+1/2}^{m,n}=[I_i^{m,n}-(1-\hat{f}_\tau)I_{i-1/2}^{m,n}]/\hat{f}_\tau, & \mu^{m,n}>0\end{cases} \tag{4-41}$$

可以得到:

$$I_i^{m,n}=\begin{cases}\dfrac{|\mu^{m,n}|B_iI_{i+1/2}^{m,n}+C^{m,n}(A_{i+1/2}-A_{i-1/2})I_i^{m+1/2,n}+S_i^{m,n}V_i}{|\mu^{m,n}|B_i+C^{m,n}(A_{i+1/2}-A_{i-1/2})+V_i}, & \mu^{m,n}\leqslant 0\\[2ex] \dfrac{|\mu^{m,n}|B_iI_{i-1/2}^{m,n}+C^{m,n}(A_{i+1/2}-A_{i-1/2})I_i^{m+1/2,n}+S_i^{m,n}V_i}{|\mu^{m,n}|B_i+C^{m,n}(A_{i+1/2}-A_{i-1/2})+V_i}, & \mu^{m,n}>0\end{cases} \tag{4-42}$$

其中,$A_{i\pm1/2}=2\pi\tau_{i\pm1/2}$ 为表面元,$V_i=\pi(\tau_{i+1/2}^2-\tau_{i-1/2}^2)$ 为控制容积,

$$B_i=\begin{cases}A_{i+1/2}+\dfrac{1-\hat{f}_\tau}{\hat{f}_\tau}A_{i-1/2}, & \mu^{m,n}<0\\[2ex] \dfrac{1-\hat{f}_\tau}{\hat{f}_\tau}A_{i+1/2}+A_{i-1/2}, & \mu^{m,n}>0\end{cases} \tag{4-43}$$

$$C^{m,n}=\frac{\hat{f}_\varphi\hat{\chi}^{m+1/2,n}+(1-\hat{f}_\varphi)\hat{\chi}^{m-1/2,n}}{\hat{f}_\varphi w^{m,n}} \tag{4-44}$$

$$S_i^{m,n} = (1-\omega)I_{b,i} + \frac{\omega}{\pi}\sum_{m'=0}^{N_\varphi}\sum_{n'=0}^{N_\theta} I_i^{m',n'}(1 + a_1\mu^{m',n'}\mu^{m,n})w^{m',n'} \quad (4-45)$$

$$\hat{\chi}^{m+1/2,n} - \hat{\chi}^{m-1/2,n} = w^{m,n}\mu^{m,n}, \quad \hat{\chi}^{0-1/2,n} = \hat{\chi}^{N_\varphi+1/2,n} = 0 \quad (4-46)$$

其中，$w^{m,n}$ 为与离散坐标 $\Omega^{m,n}$ 对应的积分权。

在方程(4-40)和方程(4-41)中，令加权系数为1则为梯形格式，令其为0.5则为菱形格式。梯形格式是一种稳定的格式，但是只有一阶精度，而且还可能会导致假散射。菱形格式具有更高的二阶精度，但是可能会导致非物理解。还有其他的一些稳定格式，但是收敛速率通常在一阶和二阶之间[11-13]。

离散的边界条件为

$$I_{N_\tau+1/2}^{m,n} = \varepsilon_w I_{b,w} + \frac{4(1-\varepsilon_w)}{\pi}\sum_{m'=0}^{(N_\varphi-1)/2}\sum_{n'=0}^{N_\theta} I_{N_\tau+1/2}^{m',n'}\mu^{m',n'}w^{m',n'}, \quad \mu^{m,n} < 0$$

$$(4-47)$$

为求解方程(4-42)，需要知道初始方向 $\varphi^{N_\varphi+1/2} = \pi$ 上的辐射强度值。在这些方向角向偏微分项消失了，因此

$$I_i^{N_\varphi+1/2,n} = \frac{\dfrac{|\mu^{N_\varphi+1/2,n}|A_i}{f_\tau}I_{i+1/2}^{N_\varphi+1/2,n} + S_i^{N_\varphi+1/2,n}V_i}{\dfrac{|\mu^{N_\varphi+1/2,n}|A_i}{f_\tau} + V_i} \quad (4-48)$$

其中，$A_i = 2\pi\tau_i$，对于均匀网格有 $A_i = (A_{i+1/2} + A_{i-1/2})/2$。

由于原点存在奇异性，还需要一个附加的极点条件：

$$I_{0-1/2}^{m,n} = I_{0-1/2}^{N_\varphi-m,n}, \quad m = 0, 1, \cdots, (N_\varphi - 1)/2 \quad (4-49)$$

4.4.2　配置点谱方法

采用SOLVER3离散方式，即将径向计算区间拓展为直径 $[-\tau_w, \tau_w]$，然后以偶数个CGL节点离散之。角向采用CG节点离散，并且周向网格节点数也为偶数。所得离散方程即为方程(4-32)，将其写为矩阵方程(4-8)的形式进行直接求解，但这时的系数矩阵 $\boldsymbol{A}$ 具有 $[(N_\tau+1)(N_\varphi+1)(N_\theta+1)]^2$ 个元素，内存消耗量非常大。为了减少求解过程的内存占用，本小节拟采用迭代求解器。

将 Dirichlet 边界条件(4-7)引入方程(4-32)中,可得

$$\frac{\mu^{m,n}}{\tau_{\mathrm{w}}}\left(\sum_{j=0}^{N_\tau} D_{\alpha_\tau,ij}^{\mathrm{CGL}} I_j^{m,n} + \sum_{j=1}^{N_\tau} D_{\alpha_\tau,i(2N_\tau+1-j)}^{\mathrm{CGL}} I_j^{N_\varphi-m,n}\right) - \frac{2\eta^{m,n}}{\pi\tau_i}\sum_{m'=(N_\varphi+1)/2}^{N_\varphi} D_{\alpha_\varphi,mm'}^{\mathrm{CG}} I_i^{m',n} + I_i^{m,n}$$
$$= S_i^{m,n} + \frac{2\eta^{m,n}}{\pi\tau_i}\sum_{m'=0}^{(N_\varphi-1)/2} D_{\alpha_\varphi,mm'}^{\mathrm{CG}} I_i^{m',n} - \frac{\mu^{m,n}}{\tau_{\mathrm{w}}} D_{\alpha_\tau,i(2N_\tau+1)}^{\mathrm{CGL}} I_0^{N_\varphi-m,n}, \quad i=0;\ m \geqslant (N_\varphi+1)/2$$

(4-50a)

$$\frac{\mu^{m,n}}{\tau_{\mathrm{w}}}\left(\sum_{j=1}^{N_\tau} D_{\alpha_\tau,ij}^{\mathrm{CGL}} I_j^{m,n} + \sum_{j=0}^{N_\tau} D_{\alpha_\tau,i(2N_\tau+1-j)}^{\mathrm{CGL}} I_j^{N_\varphi-m,n}\right) - \frac{2\eta^{m,n}}{\pi\tau_i}\sum_{m'=0}^{N_\varphi} D_{\alpha_\varphi,mm'}^{\mathrm{CG}} I_i^{m',n} + I_i^{m,n}$$
$$= S_i^{m,n} - \frac{\mu^{m,n}}{\tau_{\mathrm{w}}} D_{\alpha_\tau,i0}^{\mathrm{CGL}} I_0^{m,n}, \quad i \neq 0;\ m \leqslant (N_\varphi-1)/2$$

(4-50b)

$$\frac{\mu^{m,n}}{\tau_{\mathrm{w}}}\left(\sum_{j=0}^{N_\tau} D_{\alpha_\tau,ij}^{\mathrm{CGL}} I_j^{m,n} + \sum_{j=1}^{N_\tau} D_{\alpha_\tau,i(2N_\tau+1-j)}^{\mathrm{CGL}} I_j^{N_\varphi-m,n}\right) - \frac{2\eta^{m,n}}{\pi\tau_i}\sum_{m'=0}^{N_\varphi} D_{\alpha_\varphi,mm'}^{\mathrm{CG}} I_i^{m',n} + I_i^{m,n}$$
$$= S_i^{m,n} - \frac{\mu^{m,n}}{\tau_{\mathrm{w}}} D_{\alpha_\tau,i(2N_\tau+1)}^{\mathrm{CGL}} I_0^{N_\varphi-m,n}, \quad i \neq 0;\ m \geqslant (N_\varphi+1)/2$$

(4-50c)

在方程(4-50)中,径向和周向是耦合的,需要同时求解在这些方向的辐射强度值。将在同一个极角方向 θ^n 的辐射强度写入向量 $\boldsymbol{I}^n$ 中,则方程(4-50)可重写为

$$\boldsymbol{A}\boldsymbol{I}^n + \csc\theta^n \boldsymbol{I}^n = \boldsymbol{f}^n \tag{4-51}$$

其中,向量 $\boldsymbol{f}^n$ 的表达式为

$$\boldsymbol{f}^n = \begin{cases} \dfrac{S_i^{m,n}}{\sin\theta^n} - \dfrac{\cos\varphi^m}{\tau_{\mathrm{w}}} D_{\alpha_\tau,i(2N_\tau+1)}^{\mathrm{CGL}} I_0^{N_\varphi-m,n} + \dfrac{2\sin\varphi^m}{\pi\tau_i}\displaystyle\sum_{m'=0}^{(N_\varphi-1)/2} D_{\alpha_\varphi,mm'}^{\mathrm{CG}} I_i^{m',n}, & i=0;\ m \geqslant (N_\varphi+1)/2 \\ \dfrac{S_i^{m,n}}{\sin\theta^n} - \dfrac{\cos\varphi^m}{\tau_{\mathrm{w}}} D_{\alpha_\tau,i0}^{\mathrm{CGL}} I_0^{m,n}, & i \neq 0;\ m \leqslant (N_\varphi-1)/2 \\ \dfrac{S_i^{m,n}}{\sin\theta^n} - \dfrac{\cos\varphi^m}{\tau_{\mathrm{w}}} D_{\alpha_\tau,i(2N_\tau+1)}^{\mathrm{CGL}} I_0^{N_\varphi-m,n}, & i \neq 0;\ m \geqslant (N_\varphi+1)/2 \end{cases}$$

(4-52)

系数矩阵 $\boldsymbol{A}$ 的元素表达式在附录 B 中以伪代码的形式给出，其中各索引之间的关系为

$$\begin{cases} s = (N_\varphi + 1) \times i + (m + 1) - (N_\varphi + 1)/2 \\ t = (N_\varphi + 1) \times j + (m' + 1) - (N_\varphi + 1)/2 \end{cases} \tag{4-53}$$

可以看到，此时的系数矩阵 $\boldsymbol{A}$ 仅包含 $\left(N_\tau + \frac{1}{2}\right)^2 (N_\varphi + 1)^2$ 个元素，内存消耗量已大为减少。

4.4.3　配置点谱-离散坐标法

在 Chebyshev 配置点谱-离散坐标法中采用离散坐标法离散角向变量。仍然采用 Carlson 和 Lathrop[10] 的技巧处理角向偏微分项，可以得到方程(4-39)的离散方程：

$$\mu^{m,n} \frac{\partial I^{m,n}}{\partial \tau} + \frac{C^{m,n} I^{m,n}}{\tau} - \frac{C^{m,n} I^{m+1/2,n}}{\tau} = -I^{m,n} + S^{m,n} \tag{4-54}$$

其中 $C^{m,n}$ 和 $S^{m,n}$ 与 4.4.1 节中定义的一致。继续采用 Chebyshev 配置点谱方法离散空间变量。采用 CGL 节点离散半径而非直径，即径向计算区间仍为 $[0, \tau_w]$。采用拓展区间 $[-\tau_w, \tau_w]$，则在计算中需要知道 $I^{m+1/2,n}$ 和 $I^{N_\varphi - m + 1/2, n}$。然而，从方程(4-40)中可以知道在角向界面上的量是相继求出的，即无法同时得到这两个量的值。由此，离散方程为

$$\mu^{m,n} \frac{2}{\tau_w} \sum_{j=0}^{N_\tau} D_{\alpha_\tau, ij}^{CGL} I_j^{m,n} + \frac{C^{m,n}}{\tau_i} I_i^{m,n} - \frac{C^{m,n} I_i^{m+1/2,n}}{\tau_i} = -I_i^{m,n} + S_i^{m,n} \tag{4-55}$$

离散边界条件为

$$I_0 = \varepsilon_w I_{b,w} + \frac{4(1-\varepsilon_w)}{\pi} \sum_{m'=0}^{(N_\varphi - 1)/2} \sum_{n'=0}^{N_\theta} I_0^{m',n'} \mu^{m',n'} w^{m',n'}, \ \mu^{m,n} \leqslant 0 \tag{4-56}$$

需要注意，方程(4-50)中微分矩阵 $D_{\alpha_\tau}^{CGL}$ 包含 $4(N_\tau + 1)^2$ 个元素，而此处方程(4-55)中微分矩阵 $D_{\alpha_\tau}^{CGL}$ 仅包含 $(N_\tau + 1)^2$ 个元素。

在原点处，将方程(4-55)两边同时乘以 τ_i 并令 τ_i 为零，可得

$$\boldsymbol{I}_{N_\tau}^{m,n} = \boldsymbol{I}_{N_\tau}^{m+1/2,n}, \quad m = 0, 1, \cdots, N_\varphi \tag{4-57}$$

将方程(4-57)代入方程(4-40)中,可得极点条件:

$$\boldsymbol{I}_{N_\tau}^{m,n} = \boldsymbol{I}_{N_\tau}^{N_\varphi+1/2,n}, \quad m = 0, 1, \cdots, N_\varphi \tag{4-58}$$

方程(4-55)、方程(4-56)和方程(4-58)可以写作矩阵形式:

$$\boldsymbol{A}^{m,n}\boldsymbol{I}^{m,n} = \boldsymbol{f}^{m,n} \tag{4-59}$$

其中,当$\mu^{m,n} \leqslant 0$时,

$$A_{ij}^{m,n} = \begin{cases} 1, & i = 0,\ i = j \\ 0, & i = 0,\ i \neq j \\ 1, & i = N_\tau,\ i = j \\ 0, & i = N_\tau,\ i \neq j \\ \dfrac{2\mu^{m,n}}{\tau_w} D_{\alpha_\tau,ij}^{CGL} + \dfrac{C^{m,n}}{\tau_i} + 1, & i \neq 0,\ i \neq N_\tau,\ i = j \\ \dfrac{2\mu^{m,n}}{\tau_w} D_{\alpha_\tau,ij}^{CGL}, & i \neq 0,\ i \neq N_\tau,\ i \neq j \end{cases} \tag{4-60}$$

当$\mu^{m,n} > 0$时,

$$A_{ij}^{m,n} = \begin{cases} 1, & i = N_\tau,\ i = j \\ 0, & i = N_\tau,\ i \neq j \\ \dfrac{2\mu^{m,n}}{\tau_w} D_{\alpha_\tau,ij}^{CGL} + \dfrac{C^{m,n}}{\tau_i} + 1, & i \neq N_\tau,\ i = j \\ \dfrac{2\mu^{m,n}}{\tau_w} D_{\alpha_\tau,ij}^{CGL}, & i \neq N_\tau,\ i \neq j \end{cases} \tag{4-61a}$$

$$f_i^{m,n} = \begin{cases} I_{N_\tau}^{N_\varphi+1/2,n}, & i = N_\tau \\ \dfrac{C^{m,n} I_i^{m+1/2,n}}{\tau_i} + S_i^{m,n}, & i \neq N_\tau \end{cases} \tag{4-61b}$$

矩阵方程(4-59)可由直接求逆解出。另外,初始方向$\varphi^{N_\varphi+1/2} = \pi$的辐射强度值可由下式求出:

$$\mu^{N_\varphi+1/2,n} \frac{2}{\tau_w} \sum_{j=0}^{N_\tau} D_{\alpha_\tau,ij}^{CGL} I_j^{N_\varphi+1/2,n} + I_i^{N_\varphi+1/2,n} = S_i^{N_\varphi+1/2,n} \tag{4-62}$$

离散坐标法、Chebyshev 配置点谱方法和 Chebyshev 配置点谱-离散坐标法在处理积分项时十分类似，都采用求和代替积分。三种方法都基于源迭代求解。但是在处理偏微分项时的差异导致它们的求解过程也有些不同。在给定的极角方向，离散坐标法、Chebyshev 配置点谱方法和 Chebyshev 配置点谱-离散坐标法中的辐射强度值分别为逐点求出、同时求出和逐线求出。这些方法求解过程的示意图由图 4－17 给出。深色阴影部分代表需要求解的辐射强度，浅色阴影部分代表求解过程中需要使用的已知上游辐射强度。在给定极

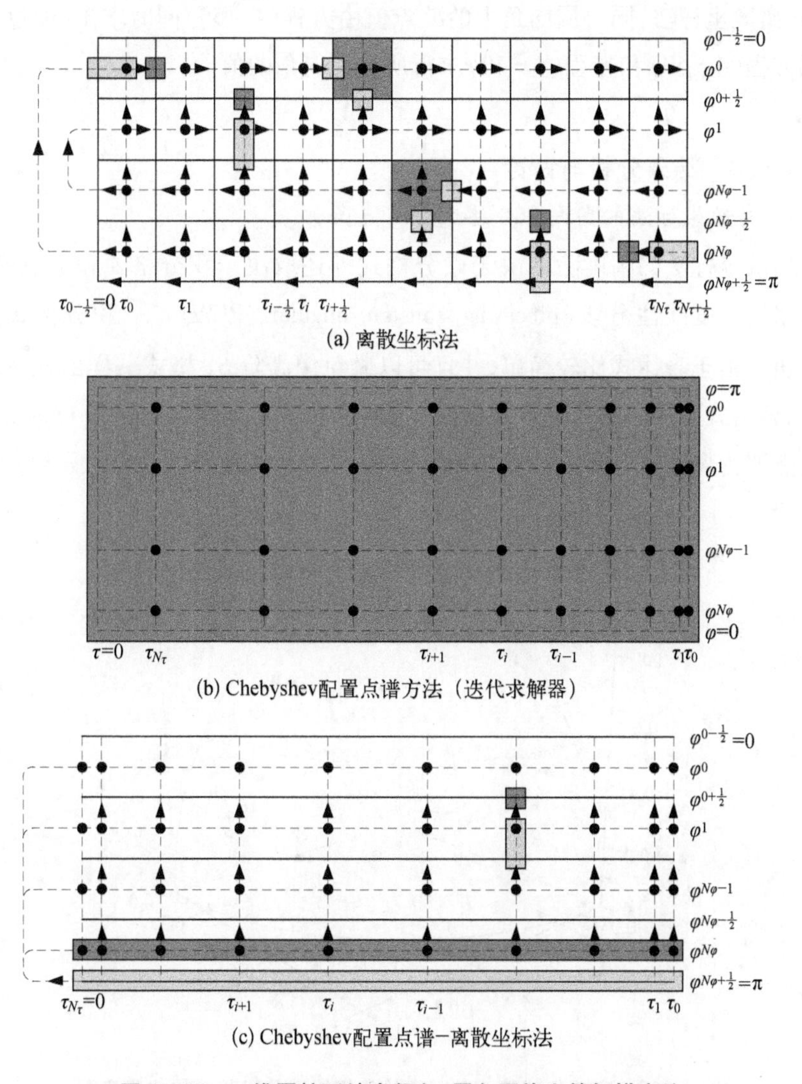

图 4－17　一维圆柱系统中径向-周向网格上的扫描方法

角方向，离散坐标法由边界节点的出射方向以及初始方向 $\varphi^{N_\varphi+1/2}=\pi$ 上的所有节点开始，交替利用方程(4-40)、方程(4-41)和方程(4-42)前进，直到求出所有的辐射强度，然后继续求解下一个极角方向。在所有的方向都求出后，为下一次迭代更新源项和出射方向的辐射强度。迭代过程持续直至满足收敛标准。Chebyshev 配置点谱方法和 Chebyshev 配置点谱-离散坐标法的求解过程区别于离散坐标法之处仅仅在于径向-周向网格的扫描上。对于 Chebyshev 配置点谱方法，所有的节点值由方程(4-39)同时求出。对于 Chebyshev 配置点谱-离散坐标法，同一周向角上的节点值由方程(4-59)同时求出，通过交替利用方程(4-59)和方程(4-40)求得所有周向角的值。

4.4.4 结果分析与讨论

1. 离散坐标法的角向积分格式和极点条件

离散坐标法的精度除取决于微分格式外还取决于积分格式和极点条件。本节采用角度线性分段(piecewise constant angular, PCA)[14-16]积分格式离散立体角。由于表达式比较简单，并且可以避免像高阶 S_N 格式一样出现负的积分权，该格式应用较为广泛。角度线性分段格式的示意图如图 4-18 所示，图中圆点即为离散坐标方向。立体角由经线 $\varphi^{m\pm1/2}$ 和纬线 $\theta^{n\pm1/2}$ 均匀分割。积分权值为

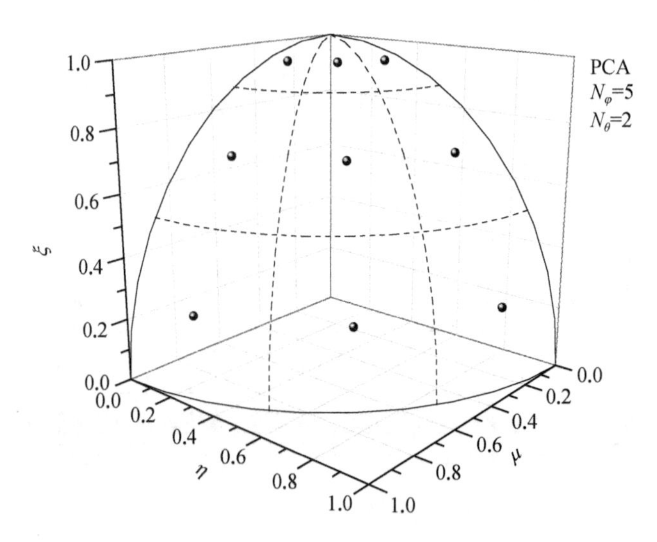

图 4-18 在单位球第一卦限内的角度线性分段积分格式示意图

$$w^n = \int_{\varphi^{n-1/2}}^{\varphi^{n+1/2}} \int_{\theta^{m-1/2}}^{\theta^{m+1/2}} \sin\theta \mathrm{d}\theta \mathrm{d}\varphi = \frac{\pi(\cos\theta^{n-1/2} - \cos\theta^{n+1/2})}{N_\varphi + 1} \tag{4-63}$$

在不同的文献中,定义离散坐标位置的方法有所不同。文献[14]中离散坐标位置设置为离散立体角的中心。然而,该定义并不合理。立体角的中心可由下式计算:

$$\bar{x}^{m,n} = \frac{\int_{\varphi^{m-1/2}}^{\varphi^{m+1/2}} \int_{\theta^{n-1/2}}^{\theta^{n+1/2}} \sin^2\theta \cos\varphi \mathrm{d}\theta \mathrm{d}\varphi}{\int_{\varphi^{m-1/2}}^{\varphi^{m+1/2}} \int_{\theta^{n-1/2}}^{\theta^{n+1/2}} \sin\theta \mathrm{d}\theta \mathrm{d}\varphi}$$
$$= \frac{\frac{1}{2}\left(\theta^{n+1/2} - \theta^{n-1/2} - \frac{1}{2}\sin 2\theta^{n+1/2} + \frac{1}{2}\sin 2\theta^{n-1/2}\right)(\sin\varphi^{m+1/2} - \sin\varphi^{m-1/2})}{w^n} \tag{4-64a}$$

$$\bar{y}^{m,n} = \frac{\int_{\varphi^{m-1/2}}^{\varphi^{m+1/2}} \int_{\theta^{n-1/2}}^{\theta^{n+1/2}} \sin^2\theta \sin\varphi \mathrm{d}\theta \mathrm{d}\varphi}{\int_{\varphi^{m-1/2}}^{\varphi^{m+1/2}} \int_{\theta^{n-1/2}}^{\theta^{n+1/2}} \sin\theta \mathrm{d}\theta \mathrm{d}\varphi}$$
$$= \frac{\frac{1}{2}\left(\theta^{n+1/2} - \theta^{n-1/2} - \frac{1}{2}\sin 2\theta^{n+1/2} + \frac{1}{2}\sin 2\theta^{n-1/2}\right)(-\cos\varphi^{m+1/2} + \cos\varphi^{m-1/2})}{w^n} \tag{4-64b}$$

$$\bar{z}^{n} = \frac{\int_{\varphi^{m-1/2}}^{\varphi^{m+1/2}} \int_{\theta^{n-1/2}}^{\theta^{n+1/2}} \sin\theta \cos\theta \mathrm{d}\theta \mathrm{d}\varphi}{\int_{\varphi^{m-1/2}}^{\varphi^{m+1/2}} \int_{\theta^{n-1/2}}^{\theta^{n+1/2}} \sin\theta \mathrm{d}\theta \mathrm{d}\varphi}$$
$$= \frac{\frac{1}{2}(-\cos^2\theta^{n+1/2} + \cos^2\theta^{n-1/2})(\varphi^{m+1/2} - \varphi^{m-1/2})}{w^n}$$
$$= \frac{1}{2}(\cos\theta^{n-1/2} + \cos\theta^{n+1/2}) \tag{4-64c}$$

而它们的平方和并不为 1,即 $\sqrt{(\bar{x}^{m,n})^2 + (\bar{y}^{m,n})^2 + (\bar{z}^n)^2} \neq 1$。事实上,

对于离散坐标，总是应当有 $\sqrt{(\mu^{m,n})^2+(\eta^{m,n})^2+(\xi^n)^2}=1$。在此建议选择离散坐标的方向穿过离散立体角的中心，则方向余弦可由下式求得

$$\mu^{m,n}=\frac{\bar{x}^{m,n}}{\bar{s}^n} \tag{4-65a}$$

$$\eta^{m,n}=\frac{\bar{y}^{m,n}}{\bar{s}^n} \tag{4-65b}$$

$$\xi^n=\frac{\bar{z}^n}{\bar{s}^n} \tag{4-65c}$$

其中，$\bar{s}^n=\sqrt{(\bar{x}^{m,n})^2+(\bar{y}^{m,n})^2+(\bar{z}^n)^2}$。

在文献[15,16]中，离散坐标的周向角和极角分别由下式计算：

$$\varphi^m=(\varphi^{m+1/2}+\varphi^{m-1/2})/2=\frac{(m-1/2)\pi}{N_\varphi+1} \tag{4-66a}$$

$$\theta^n=(\theta^{n+1/2}+\theta^{n-1/2})/2=\frac{(n-1/2)\pi}{2(N_\theta+1)} \tag{4-66b}$$

随后，方向余弦可照定义求出。事实上，由方程(4-65)定义的离散坐标总是满足方程(4-66a)，因而两种方法的区别仅在于 θ^n 的定义。当 $N_\varphi+1=2(N_\theta+1)=2$，由方程(4-65)和方程(4-66)定义的离散坐标分别为对称的和非对称的 S_2 近似[17]。

采用三种方法计算八分之一的总 4π 立体角(一个卦限)内模态方程的误差见表 4-2。一个卦限内的离散坐标数为 $(N_\theta+1)^2$，其中 $N_\theta+1=(N_\varphi+1)/2$。总的来说，当前所提出的方法，即以方程(4-65)定义离散坐标，具有最小的误差。

用这些积分格式计算辐射传递方程的结果见图 4-19。与其他两种方法相比，当前方法只用约四分之一的离散坐标数就可以取得相同的精度。因此，在下面的计算中只考虑采用方程(4-65)定义的角度线性分段积分格式。

表 4-2　三种方法在第一卦限内计算一阶和二阶模态方程的百分误差

离散方向数	$\left\lvert \int_{\pi/2}(\cdot)\mathrm{d}\boldsymbol{\Omega} - \sum_{m=0}^{(N_\varphi-1)/2}\sum_{n=0}^{N_\theta}(\cdot)^{m,n}w^n / \int_{\pi/2}(\cdot)\mathrm{d}\boldsymbol{\Omega} \right\rvert \times \% \left\lvert \int_{\pi/2}(\cdot)\mathrm{d}\boldsymbol{\Omega} - \sum_{m=0}^{(N_\varphi-1)/2} \right\rvert$											
	$(\cdot)=\boldsymbol{\mu}$			$(\cdot)=\boldsymbol{\xi}$			$(\cdot)=\boldsymbol{\mu}^2$			$(\cdot)=\boldsymbol{\xi}^2$		
	Ⅰ	Ⅱ	Ⅲ	Ⅰ	Ⅱ	Ⅲ	Ⅰ	Ⅱ	Ⅲ	Ⅰ	Ⅱ	Ⅲ
1	15.5	0.00	22.5	15.5	41.4	0.00	0.00	25.0	12.5	0.00	50.0	25.0
4	4.41	0.00	6.36	3.62	8.24	0.00	1.87	3.03	4.73	3.74	6.07	9.47
16	1.11	0.00	1.74	0.94	2.00	0.00	0.43	0.67	1.26	0.85	1.34	2.52
64	0.28	0.00	0.46	0.24	0.48	0.00	0.10	0.16	0.32	0.20	0.32	0.64

Ⅰ：方程(4-64)；Ⅱ：方程(4-65)；Ⅲ：方程(4-66)。

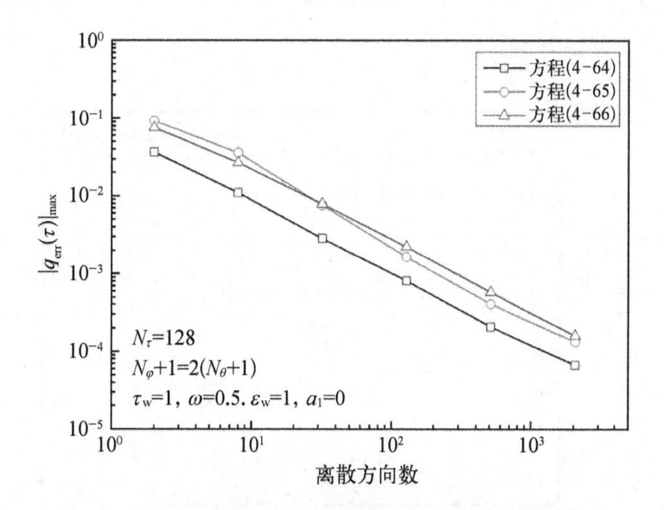

图 4-19　基于三种方法得到的角度线性分段积分格式计算辐射热流量 $q(\tau)$ 的误差对比

还可以使用另外一种方法定义离散坐标的极角方向[18]：

$$\xi^n = (\xi^{n+1/2} + \xi^{n-1/2})/2 \tag{4-67}$$

对应于镜面反射的极点条件(4-49)允许原点上的辐射强度为非轴对称的。而实际原点上的辐射强度应当是轴对称的。因此，文献[9,19]中提出了另一个极点条件，原点上所有相同极角的辐射强度值都被设为初始方向的辐射强度值：

$$I_{0-1/2}^{m,\,n} = I_{0-1/2}^{N_\varphi+1/2,\,n}, \quad m = 0,\ 1,\ \cdots,\ N_\varphi \tag{4-68}$$

但是,极点条件(4-68)在靠近原点产生了巨大的误差,如图4-20所示。其解释如下:首先,在出射方向,已经有边界条件(4-47),该条件已足以求解一阶偏微分的辐射传递方程。由于方程(4-41)已经隐含在方程(4-42)中,极点条件(4-68)在这些方向是冗余的。方程(4-41)和方程(4-68)的冲突导致误差的产生。其次,对于靠近原点的节点,迭代计算中极点条件(4-68)会提供下游节点的信息。这与物理事实相违背,因此结果容易振荡。不过由于有限体积法的局部性质,下游节点的误差仅仅限制在一个网格区域内,而没有传播开来。最后,对于在原点的节点,方程(4-40)提供了相邻上游节点同方向的信息,而极点条件(4-68)提供的是相同位置在初始方向而非相邻位置的信息。因此,极点条件(4-49)与方程(4-40)的组合要比极点条件(4-68)准确。

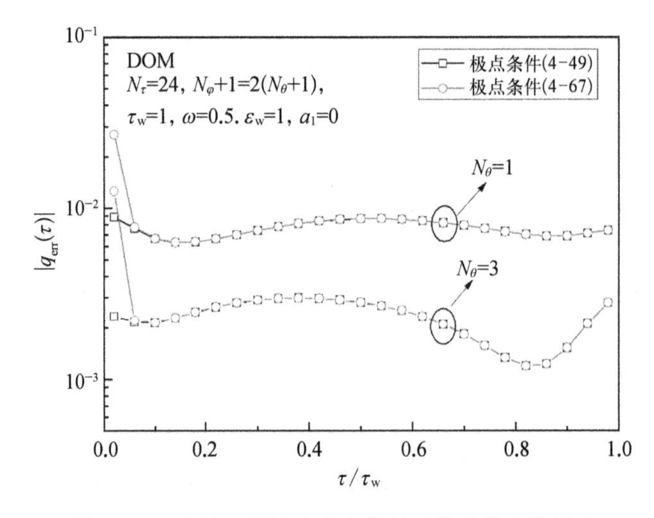

图4-20 离散坐标法中极点条件对数值精度的影响

根据上面的讨论,需要注意角向离散的辐射传递方程是一阶偏微分方程,因此在每个离散角向给出一个边界条件就足够了。而这一点在以往的文献中并未引起足够注意。另外,在全局性的谱方法中,如果使用多余的边界条件会导致更加严重的数值不稳定[20]。在文献[21]中,采用 Chebyshev 配置点谱-离散坐标法结合区域分解法求解二维方腔区域中的辐射传热时,使用了过多的边界。但文献[21]中将观察到的严重振荡全部归为射线效应的影响,这一点并不完全正确。

2. 各种方法的比较

1）内存需求

表 4 - 3 给出了各求解器用于存储每个元素所需的存储单元。在迭代求解器中，需要存储辐射强度值两次以进行比较。对于 Chebyshev 配置点谱方法（迭代求解器），矩阵 $\boldsymbol{A}$ 的存储单元可以再用于存储 $\boldsymbol{A}'$，类似地，$\boldsymbol{f}^n$ 用于存储 $\boldsymbol{f}'^n$，$\boldsymbol{I}^n$ 用于存储 $\boldsymbol{I}'^n$。用于存储各求解器每个元素的总存储单元如下。

离散坐标法：

$$\begin{aligned}&5(N_\tau+1)(N_\varphi+1)(N_\theta+1)+3(N_\tau+1)(N_\theta+1)\\&\quad+5(N_\varphi+1)(N_\theta+1)+7(N_\tau+1)+4(N_\theta+1)+2\end{aligned}\tag{4-69a}$$

Chebyshev 配置点谱方法（直接求解器）：

$$\begin{aligned}&(N_\tau+1)^2(N_\varphi+1)^2(N_\theta+1)^2+2(N_\tau+1)(N_\varphi+1)(N_\theta+1)\\&\quad+(2N_\tau+1)^2+(N_\varphi+1)^2+2(N_\varphi+1)(N_\theta+1)\\&\quad+2(N_\tau+1)+(N_\varphi+1)+(N_\theta+1)\end{aligned}\tag{4-69b}$$

Chebyshev 配置点谱方法（迭代求解器）：

$$\begin{aligned}&2\left(N_\tau+\frac{1}{2}\right)^2(N_\varphi+1)^2+4(N_\tau+1)(N_\varphi+1)(N_\theta+1)+(2N_\tau+1)^2\\&\quad+(N_\varphi+1)^2+\frac{3}{2}(N_\varphi+1)(N_\theta+1)+2(N_\tau+1)\\&\quad+(N_\varphi+1)+(N_\theta+1)\end{aligned}\tag{4-69c}$$

Chebyshev 配置点谱-离散坐标法：

$$\begin{aligned}&(N_\tau+1)^2(N_\varphi+1)(N_\theta+1)+(N_\tau+1)^2(N_\theta+1)\\&\quad+5(N_\tau+1)(N_\varphi+1)(N_\theta+1)+(N_\tau+1)^2+3(N_\tau+1)(N_\theta+1)\\&\quad+4(N_\varphi+1)(N_\theta+1)+2(N_\tau+1)+3(N_\theta+1)\end{aligned}\tag{4-69d}$$

表 4-3 不同方法中用于存储各矩阵的内存单元清单

元 素	存 储 单 元
DOM	
方向余弦 $\mu^{m,n}$，$\eta^{m,n}$ 和 $\mu^{N_\varphi+1/2,n}$	$(2N_\varphi+3)(N_\theta+1)$
积分权 w^n	$N_\theta+1$
光学厚度 τ_i 和 $\tau_{i\pm1/2}$	$2N_\tau+3$
系数 $\hat{\chi}^{m\pm1/2,n}$	$(N_\varphi+2)(N_\theta+1)$
辐射强度 $I_i^{m,n}$	$2(N_\tau+1)(N_\varphi+1)(N_\theta+1)$
辐射强度 $I_{i\pm1/2}^{m,n}$，$I_i^{m\pm1/2,n}$，$I_{i\pm1/2}^{N_\varphi+1/2,n}$	$(2N_\tau+3)(N_\varphi+2)(N_\theta+1)$
面元 $A_{i\pm1/2}$ 和体元 V_i	$2N_\tau+3$
源项 $S_i^{m,n}$ 和 $S_i^{N_\varphi+1/2,n}$	$(N_\tau+1)(N_\varphi+2)(N_\theta+1)$
系数 B_i	$2N_\tau+2$
系数 $C^{m,n}$	$(N_\varphi+1)(N_\theta+1)$
黑体辐射强度 $I_{b,i}$	$N_\tau+1$
CCSM(直接求解器)	
方向余弦 $\mu^{m,n}$ 和 $\eta^{m,n}$	$2(N_\varphi+1)(N_\theta+1)$
积分权 $\tilde{w}_\varphi^m$ 和 $\tilde{w}_\theta^n$	$(N_\varphi+1)+(N_\theta+1)$
微分矩阵元素 $D_{\alpha_\tau,ij}^{CGL}$ 和 $D_{\alpha_\varphi,ij}^{CG}$	$(2N_\tau+1)^2+(N_\varphi+1)^2$
光学厚度 τ_i	$N_\tau+1$
辐射强度 I_s	$(N_\tau+1)(N_\varphi+1)(N_\theta+1)$
系数矩阵 $\boldsymbol{A}_{st}$	$(N_\tau+1)^2(N_\varphi+1)^2(N_\theta+1)^2$
向量 $\boldsymbol{f}_s$	$(N_\tau+1)(N_\varphi+1)(N_\theta+1)$
黑体辐射强度 $I_{b,i}$	$N_\tau+1$
CCSM(迭代求解器)	
方向余弦 $\mu^{m,n}$ 和 $\eta^{m,n}$	$2(N_\varphi+1)(N_\theta+1)$
积分权 $\tilde{w}_\varphi^m$ 和 $\tilde{w}_\theta^n$	$(N_\varphi+1)+(N_\theta+1)$

续　表

元　　素	存 储 单 元
微分矩阵元素 $D_{\alpha_\tau,ij}^{CGL}$ 和 $D_{\alpha_\varphi,ij}^{CG}$	$(2N_\tau+1)^2+(N_\varphi+1)^2$
光学厚度 τ_i	$N_\tau+1$
辐射强度 I_s 和 $I_0^{m,n}[m\leqslant(N_\varphi-1)/2]$	$2(N_\tau+1)(N_\varphi+1)(N_\theta+1)$
系数矩阵 $\boldsymbol{A}_{st}$	$(N_\tau+1/2)^2(N_\varphi+1)^2$
向量 $\boldsymbol{f}_s$	$(N_\tau+1/2)(N_\varphi+1)(N_\theta+1)$
矩阵 $\boldsymbol{U}_{st}$	$(N_\tau+1/2)^2(N_\varphi+1)^2$
源项 $S_i^{m,n}$	$(N_\tau+1)(N_\varphi+1)(N_\theta+1)$
黑体辐射强度 $I_{b,i}$	$N_\tau+1$
CCS－DOM	
方向余弦 $\mu^{m,n}$，$\eta^{m,n}$，$\mu^{N_\varphi+1/2,n}$	$(2N_\varphi+3)(N_\theta+1)$
积分权 w^n	$N_\theta+1$
微分矩阵元素 $D_{\alpha_\tau,ij}^{CGL}$	$(N_\tau+1)^2$
光学厚度 τ_i	$N_\tau+1$
系数 $\hat{\chi}^{m\pm1/2,n}$	$(N_\varphi+2)(N_\theta+1)$
辐射强度 $I_i^{m,n}$	$2(N_\tau+1)(N_\varphi+1)(N_\theta+1)$
辐射强度 $I_i^{m\pm1/2,n}$	$(N_\tau+1)(N_\varphi+2)(N_\theta+1)$
系数矩阵 $\boldsymbol{A}_{st}$ 和 $\boldsymbol{A}_{ij}^{N_\varphi+1/2,n}$	$(N_\tau+1)^2(N_\varphi+2)(N_\theta+1)$
向量 $\boldsymbol{f}_s$ 和 $\boldsymbol{f}_i^{N_\varphi+1/2,n}$	$(N_\tau+1)(N_\varphi+2)(N_\theta+1)$
源项 $S_i^{m,n}$ 和 $S_i^{N_\varphi+1/2,n}$	$(N_\tau+1)(N_\varphi+2)(N_\theta+1)$
系数 $C^{m,n}$	$(N_\varphi+1)(N_\theta+1)$
黑体辐射强度 $I_{b,i}$	$N_\tau+1$

MATLAB 中使用的是双精度，因而 $\hat{n}$ 个存储单元占用的内存为 $\frac{16\hat{n}}{1\,024^3}$ GB 。图 4－21 给出了存储单元与内存需求随网格分辨率的变化。由于式(4－69)

中首项阶数高于其他项，可以仅用该项估计内存需求。在 Chebyshev 配置点谱方法和 Chebyshev 配置点谱-离散坐标法中，内存主要由系数矩阵消耗。同等网格下，离散坐标法消耗的内存最小，其次为 Chebyshev 配置点谱-离散坐标法，紧接着是 Chebyshev 配置点谱方法的迭代求解器和直接求解器。Chebyshev 配置点谱方法的直接求解器耗用内存随网格增长十分迅速，并且在当前工作站上很快就溢出了。而迭代求解器耗用的内存大大减小了，并且对极向网格数变化不敏感。另外，由于使用的收敛标准非常小(10^{-8})，迭代求解器和直接求解器得到的结果差异也非常小。

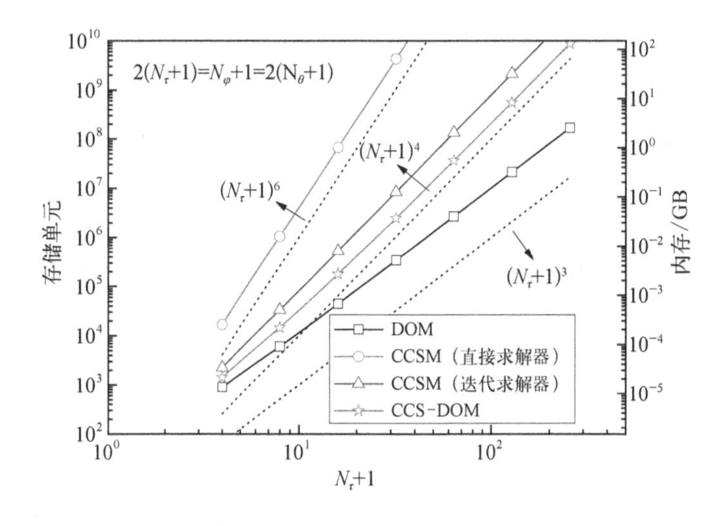

图 4-21 存储单元与内存需求随网格分辨率的变化

2）收敛速率和计算时间

图 4-22 展示了三种方法的收敛速率。在离散坐标法中，由于采用了菱形格式，结果如预期为二阶收敛。Chebyshev 配置点谱方法具有五阶收敛。而混合的 Chebyshev 配置点谱-离散坐标法的性能非常差，在径向只有二阶收敛。如图 4-23 所示，对于 Chebyshev 配置点谱-离散坐标法，在靠近原点附近观察到了振荡，这与离散坐标法采用极点条件(4-68)时类似。但是有所不同的是，对于 Chebyshev 配置点谱-离散坐标法而言，极点条件(4-58)并非多余的，而且还是原点处节点唯一的控制方程。Chebyshev 配置点谱-离散坐标法的不准确主要来源于原点附近的节点上对空间影响的低估。

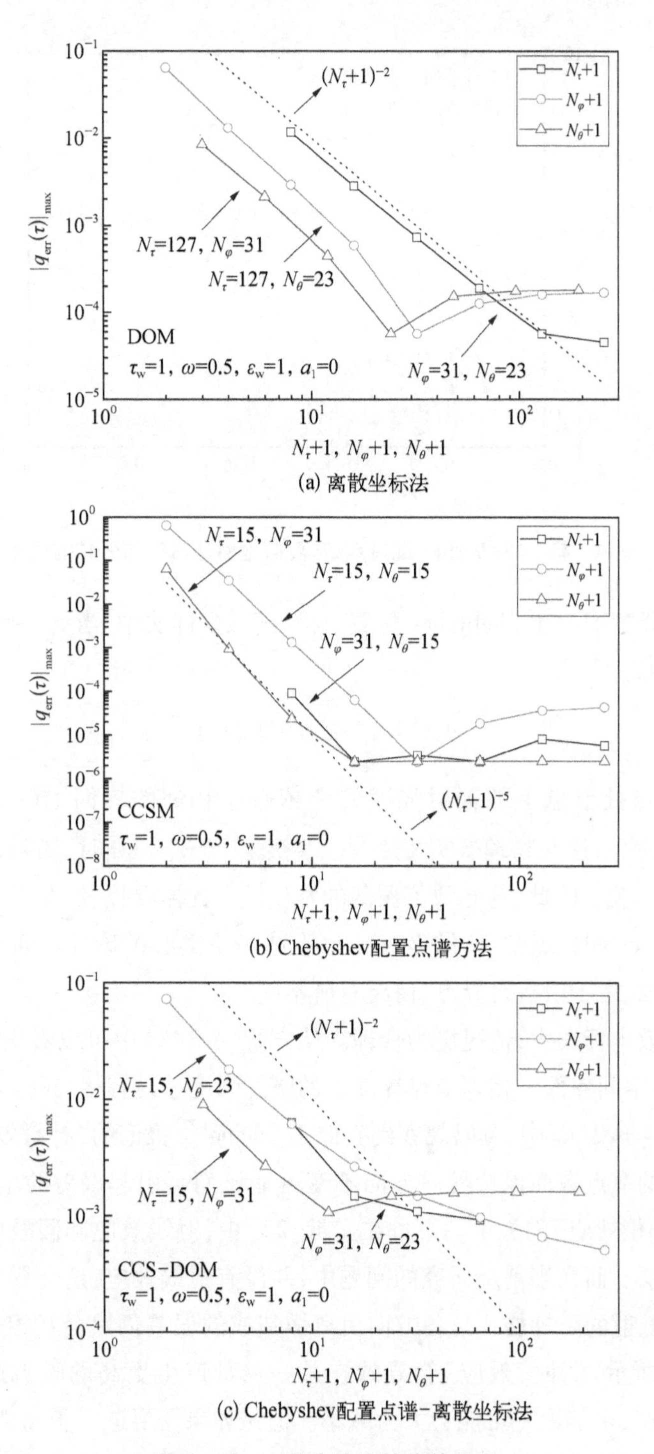

(a) 离散坐标法

(b) Chebyshev配置点谱方法

(c) Chebyshev配置点谱-离散坐标法

图 4-22　不同方法下的收敛速率

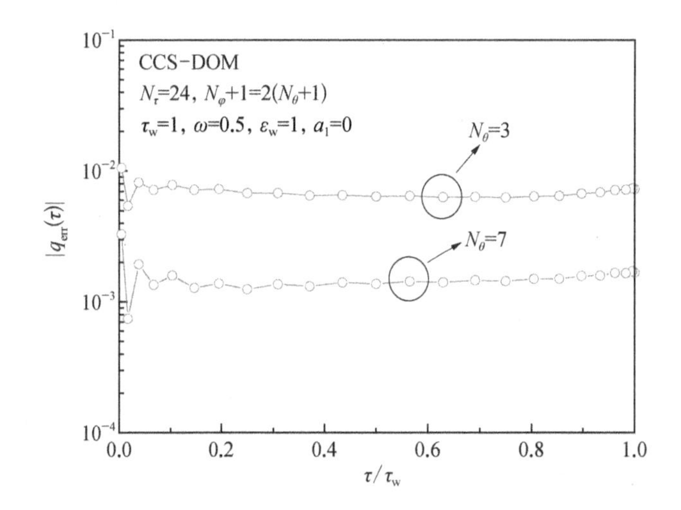

图 4-23　Chebyshev 配置点谱-离散坐标法沿径向分布的误差

其解释如下。在 Chebyshev 配置点谱-离散坐标法中，当 $\tau_i \to 0$ 时，根据方程(4-55)，

$$I_i^{m,n} = I_i^{m+1/2,n} + O(\tau_i) \tag{4-70}$$

即靠近原点处节点上的辐射强度 $I_i^{m,n}$ 依赖于相邻的界面上的辐射强度值 $I_i^{m+1/2,n}$。然而，这与物理事实相违背。事实上，当 $\tau_i \to 0$ 时，辐射强度应当与周向角 φ 无关。因此，这导致了振荡的发生。在此需要提及，由于奇异点的存在，Chebyshev 配置点谱-离散坐标法也不适用于实心的球体。而对于空心圆柱和空心球，由于没有奇异点，情况有所不同。

在离散坐标法中，情况更为合理。从方程(4-42)中可以看出，不管 τ_i 为何值，相邻空间界面和相邻节点界面上的辐射强度总是有相当的影响力。

在图 4-22(a)中，可以观察到类似于 Coelho[22] 报道的"补偿效应"。增加一个方向的节点数而保持另一方向不变可能反而会引起误差的增加，这是由于此时"补偿效应"消失了。不过在文献[22]中，射线效应和假散射产生的误差相互补偿。而在当前所研究的问题中，并没有射线效应，这会导致我们也没有采用假散射的阶梯格式。各方向由离散造成的误差仍然会互相补偿。如图 4-22(a)所示，"补偿效应"会导致在某一局部产生更高的收敛速率。利用"补偿效应"，求解误差可能会大为减小。但是如果需要进一步减小误差，仍需同时加密各方向的网格。这是由于当某个方向的网格极密时，该方向的误差大大减少,但其他方向的误差反而会凸显出来。

在 Chebyshev 配置点谱方法中,极向没有"补偿效应",如图 4－22(c)所示。误差随着周向网格增加而增加,而这也是"奇异效应"的典型特征。我们认为采用 CGL 节点离散直径可以避免"奇异效应",但是,此时如果"奇异效应"真的发生了,我们并不能将其与"补偿效应"区分开。因此,还需要在直角坐标系中作进一步验证。

关于三种方法得到的辐射热流量 $q(\tau)$ 的最大相对误差,计算时间和内存耗用见表 4－4,其参数与图 4－22 中相同。网格的选取策略为取得同一精度时各方向的网格数均不至于过多。可以发现,Chebyshev 配置点谱方法的直接求解器极度耗时和耗内存。因此,在下面的计算中仅仅采用迭代求解器。表 4－4 也表明,取得同一精度时无论是计算时间和内存占用,基于迭代求解器的 Chebyshev 配置点谱方法优于其他方法,而 Chebyshev 配置点谱-离散坐标法的表现甚至劣于离散坐标法。这意味着在圆柱系统中,Chebyshev 配置点谱-离散坐标法是不可取的。因而下面的讨论中不再使用该种方法。

表 4－4　不同方法的数值误差、计算时间和内存需求比较
($\tau_w = 1,\ \omega = 0.5,\ \varepsilon_w = 1,\ a_1 = 0$)

网格 (N_τ, N_φ, N_θ)	$\vert q_{err}(\tau)\vert_{max}$	计算时间/s		内存/MB	
DOM					
(15, 3, 2)	4.02×10^{-3}	0.03		0.02	
(31, 7, 5)	8.89×10^{-4}	0.25		0.13	
(63, 15, 11)	2.23×10^{-4}	4.04		0.99	
(127, 31, 23)	5.68×10^{-5}	99.24		7.71	
CCSM		(DS)	(IS)	(DS)	(IS)
(7, 15, 7)	9.00×10^{-5}	2.99	0.58	16.04	0.51
(11, 23, 11)	6.80×10^{-6}	29.05	2.46	182.38	2.56
(15, 31, 15)	2.44×10^{-6}	168.43	8.50	1 024.30	8.05
(23, 47, 23)	3.48×10^{-7}	1 911.96	65.35	11 664.95	40.61
(31, 63, 31)	1.70×10^{-7}	—	242.09	—	128.20

续　表

网格 $(N_\tau, N_\varphi, N_\theta)$	$\lvert q_{err}(\tau)\rvert_{max}$	计算时间/s		内存/MB	
CCS－DOM					
(7, 7, 5)	1.02×10^{-2}	0.14		0.09	
(15, 15, 11)	2.24×10^{-3}	0.94		1.06	
(31, 31, 23)	1.08×10^{-3}	24.07		14.35	
(63, 63, 47)	5.31×10^{-4}	687.59		210.39	

注：DS 表示直接求解器；IS 表示迭代求解器。

在 Chebyshev 配置点谱方法中，当 $\tau_i\to0$ 时，方程(4－32)高估了角向的影响。但是由于对称条件(4－30)的存在，角向偏微分项中实际上包含了空间信息。而且，角向的影响在 $\eta^{m,n}\to0$ 时也会大幅度减小。Chebyshev 配置点谱方法的空间节点以 $2N_\tau^{-1}$ 的速度靠近原点，而 Chebyshev 配置点谱-离散坐标法的空间节点以 N_τ^{-2} 的速度靠近原点。综上，Chebyshev 配置点谱方法在径向能比 Chebyshev 配置点谱-离散坐标法更为准确。

在表 4－5 和图 4－24 中更为清晰地呈现了关于离散坐标法和 Chebyshev 配置点谱方法的比较。需注意，衡量的最大相对误差只包括节点值，因此离散坐标法在边界上的误差可能反而会大于最大相对误差。从图 4－24 中可知，为了取得和离散坐标法一样的精度，Chebyshev 配置点谱方法花费的时间和消耗的内存都更少。而使用相同的内存时，Chebyshev 配置点谱方法可以取得更高的精度，但是花费的时间仍然更少。

表 4－5　计算边界上辐射热流量时离散坐标法和 Chebyshev 配置点谱方法的对比 ($\tau_w=1,\ \omega=0.5,\ \varepsilon_w=1,\ a_1=0$)

网格 $(N_\tau, N_\varphi, N_\theta)$	$q(\tau_w)/(\sigma T_{cl}^4)$	$\lvert q_{err}(\tau_w)\rvert$
DOM		
(15, 3, 2)	$3.242\,599\times10^{-1}$	3.44×10^{-3}
(31, 7, 5)	$3.251\,713\times10^{-1}$	6.36×10^{-4}
(63, 15, 11)	$3.253\,252\times10^{-1}$	1.62×10^{-4}
(127, 31, 23)	$3.253\,643\times10^{-1}$	4.23×10^{-5}

续　表

网格 $(N_\tau, N_\varphi, N_\theta)$	$q(\tau_w)/(\sigma T_{cl}^4)$	$\vert q_{err}(\tau_w)\vert$
CCSM		
(7, 15, 7)	$3.253\,808\times10^{-1}$	8.40×10^{-6}
(15, 31, 15)	$3.253\,785\times10^{-1}$	1.35×10^{-6}
(31, 63, 31)	$3.253\,781\times10^{-1}$	1.31×10^{-7}
基准解	$3.253\,780\,93\times10^{-1}$	—

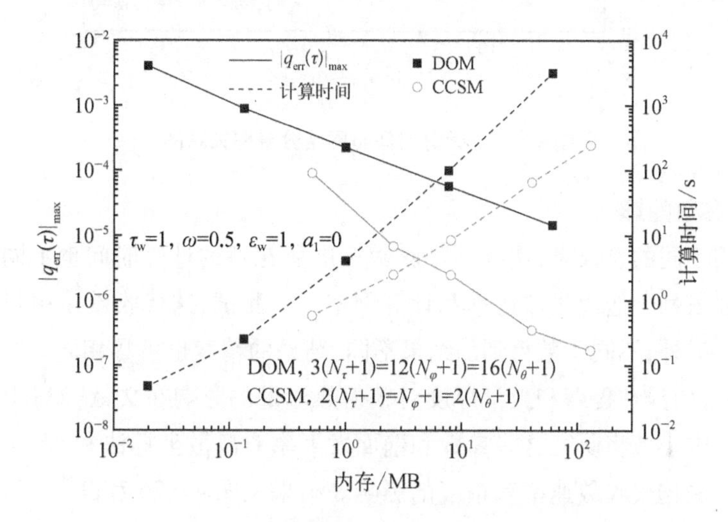

图 4 - 24　辐射热流量 $q(\tau)$ 的最大相对误差和计算时间与内存需求关系图

实际上,在迭代计算中,离散坐标法的计算量主要由式(4 - 42)和式(4 - 45)决定。每次迭代中,式(4 - 42)需要的计算量约为 $14(N_\tau+1)(N_\varphi+1)(N_\theta+1)$,式(4 - 45)需要的计算量约为 $6(N_\tau+1)(N_\varphi+1)^2(N_\theta+1)^2$。Chebyshev 配置点谱方法每次迭代中基于 Schur 分解法的计算量约为 $5(N_\tau+0.5)^2(N_\varphi+1)^2(N_\theta+1)$,另外每次更新源项也需约 $8(N_\tau+1)(N_\varphi+1)^2(N_\theta+1)^2$ 次运算。因此,理论上 Chebyshev 配置点谱方法计算时间随网格增加速率与离散坐标法相同,而实际结果也与理论相符,如图 4 - 25 所示。不过需要指出,对于专门针对各向同性散射的程序,离散坐标法的计算时间要较配置点谱方法短得多。

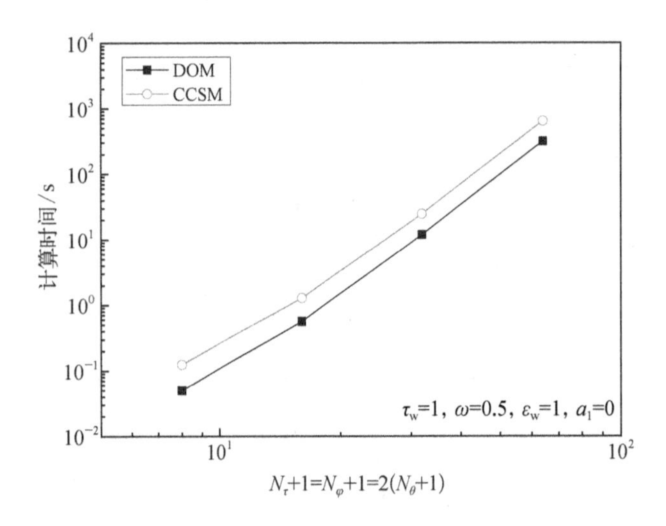

图 4-25　计算时间与网格分辨率关系图

3）参数的影响

采用不同的参数时，达到同一收敛标准所花费的计算时间也不同。计算时间主要依赖于迭代收敛速率和计算网格。经测试，迭代收敛速率与计算网格无关。另外，不同参数得到的结果不同，结果的精度也不尽相同。散射反照率、线性各向异性程度和光学厚度对辐射热流量的影响在文献[23]中已有详细讨论。本小节将研究这些参数和壁面发射率对离散坐标法和 Chebyshev 配置点谱方法迭代收敛速率和精度的影响。结果见图 4-26 和图 4-27。可以看到，离散坐标法和 Chebyshev 配置点谱方法具有相同的迭代收敛速率，并且受这些参数影响时表现的行为类似。在图 4-26 和图 4-27 中，离散坐标法和 Chebyshev 配置点谱方法采用的网格分别为 $(N_\tau, N_\varphi, N_\theta) = (127, 31, 23)$ 和 $(N_\tau, N_\varphi, N_\theta) = (15, 31, 15)$。这些网格配置同样用于图 4-28 和图 4-29 中的计算。

在图 4-26 中，可以看到，迭代收率速度随散射反照率和光学厚度增加而降低，随壁面发射率增加而增加，而受线性各向异性程度的影响较小。当前的离散坐标法和 Chebyshev 配置点谱方法都基于源迭代求解。Adams 和 Larsen[24]曾解释过为何源迭代格式在光学厚介质和散射占主导的介质中收敛缓慢。每次源迭代可以视作一系列热中子与颗粒之间的碰撞。如果碰撞的数量很少，则系统可以视作处于平衡态，也即程序达到收敛。在散射占主导的介质中，热中子被吸收的概率比较低，在被吸收前，热中子会经过多次碰撞。在光学薄介质中，热中子容易穿过介质直接被壁面吸收，而当壁面发射比较低时，大部分热中子会被壁面反射回来。因此在壁面发射率较低时，源迭代格式效率也会比较低。线性各向异性程度仅影响粒子散射的方向，因此对程序收敛速率几乎不影响。无疑，Chebyshev 配置点谱方法如同离散坐标法一样也需要发展加速迭代的方法。但是，文献[24]中指出，空间离散格式对于迭代收敛速率的影响巨大。尽管在源迭代中，Chebyshev 配置点谱方法和离散坐标法的迭代收敛速率一致，这并不意味着适用于离散坐标法的迭代加速方法同样对 Chebyshev 配置点谱方法有效。另外，在圆柱系统中，由于角向偏微分项的存在，无法采用 Fourier 分析帮助发展迭代加速方法[24]。关于如何发展 Chebyshev 配置点谱方法的迭代加速方法，在此不再作讨论，该问题可留予平板介质中深入分析。

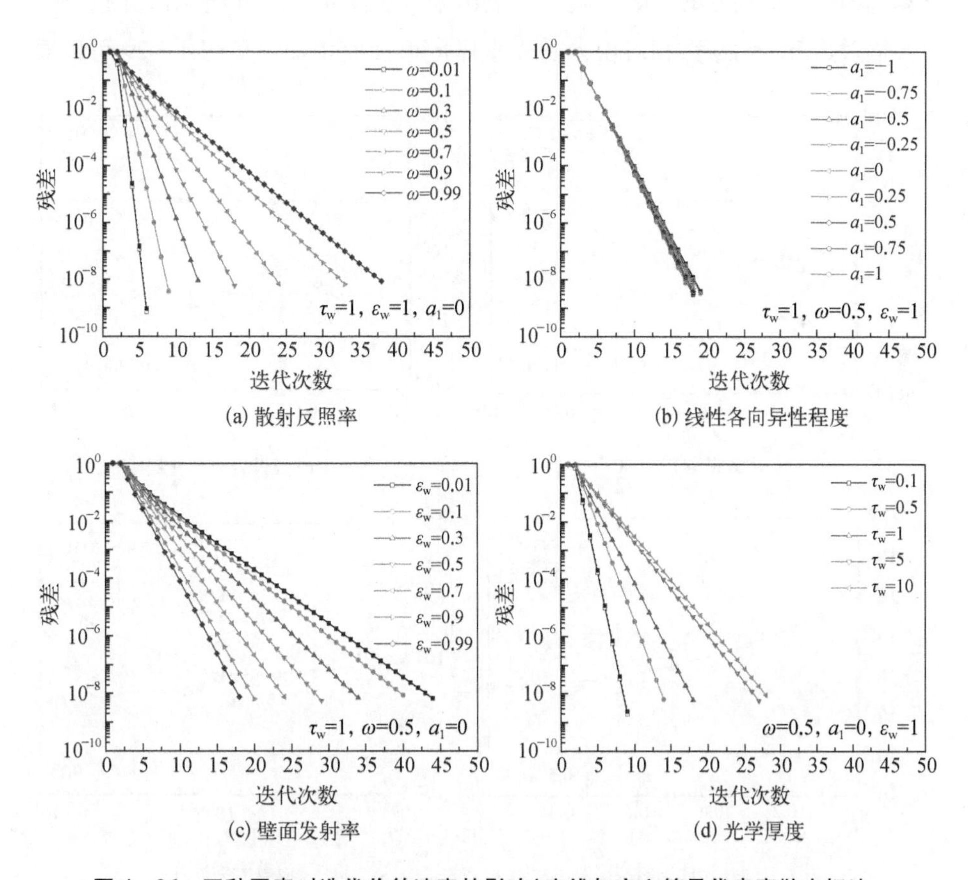

(a) 散射反照率　(b) 线性各向异性程度

(c) 壁面发射率　(d) 光学厚度

图 4-26　四种因素对迭代收敛速率的影响（实线与空心符号代表离散坐标法，虚线与实心符号代表 Chebyshev 配置点谱方法）

图 4-27(a)表明离散坐标法和 Chebyshev 配置点谱方法的精度都受散射反照率影响。对于离散坐标法,辐射热流量的最大相对误差随散射反照率增加而减小。而对于 Chebyshev 配置点谱方法,辐射热流量的最大相对误差随散射反照率增加而增大,当散射反照率由 0.01 增至 0.99 时,误差增加了一个量级。辐射热流量的准确性不受线性各向异性程度影响,如图 4-27(b)所示。壁面发射率对精度的影响见图 4-27(c)。对于两种方法,误差都随表面发射率的增加而减小。可以预计,将壁面相关部分解析求解同样可以提高低表面发射率时的精度。结果如我们所料,见图 4-28。不过从图 4-28 中可以看到,低表面发射率时,精度仍有所降低。这是由于壁面上的辐射强度同样取决于介质的散射,而介质相关部分的辐射强度需要借助数值积分求解。当发射率降低时,数值误差的影响会随之凸显出来。在图 4-27(d)表明,当 $\tau_w > 1$ 时,辐射热流量的最大相对误差随光学厚度增加而增加。从图 4-29 可以看

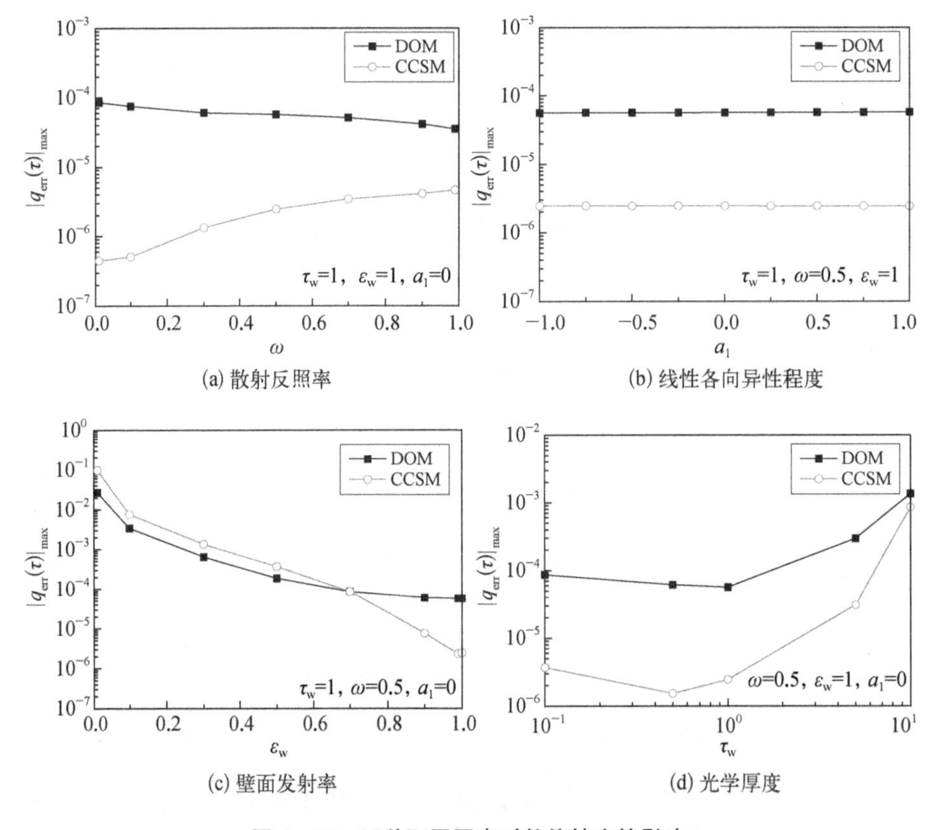

图 4-27 四种不同因素对数值精度的影响

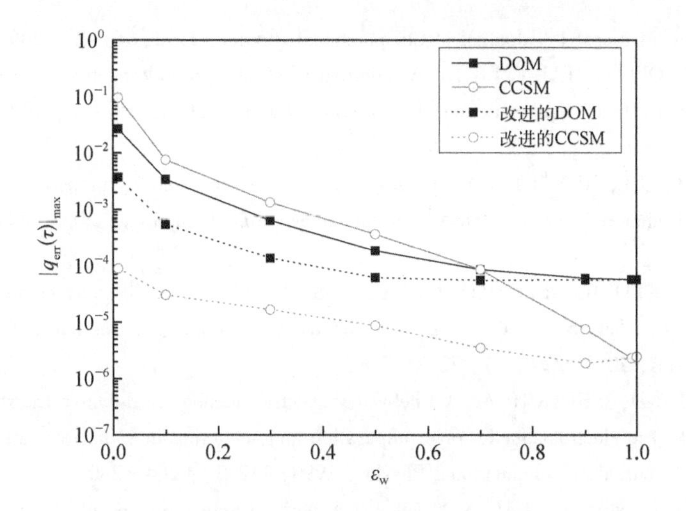

图 4-28　通过解析求解壁面相关部分改进离散坐标法和 Chebyshev 配置点谱方法提高精度

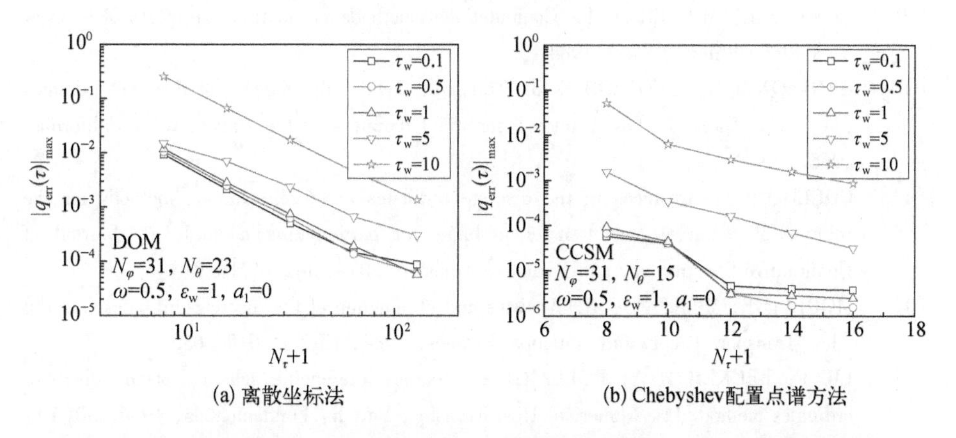

图 4-29　不同光学厚度下辐射热流量 $q(\tau)$ 的最大相对误差与径向网格数量关系图

出，当 $\tau_w \leqslant 1$ 时，达到同一精度所需要的空间网格与光学厚度无关。而当 $\tau_w > 1$ 时，光学厚度越大，所需的空间网格越密。

参考文献

[1] HOWELL J R, ROBERT S, MENGÜÇ M P. Thermal radiation heat transfer [M]. Boca Raton: CRC Press, 2010.

[2] ABREU M P. Mixed singular-regular boundary conditions in multislab radiation transport [J]. Journal of Computational Physics, 2004, 197(1): 167-185.

[3] BAYLISS A, TURKEL E. Mappings and accuracy for Chebyshev pseudo-spectral

approximations[J]. Journal of Computational Physics, 1992, 101(2): 349-359.

[4] KOSLOFF D, TAL-EZER H. A modified Chebyshev pseudospectral method with an O(N-1) time step restriction[J]. Journal of Computational Physics, 1993, 104(2): 457-469.

[5] MEAD J L, RENAUT R A. Accuracy, resolution, and stability properties of a modified Chebyshev method[J]. SIAM Journal on Scientific Computing, 2002, 24(1): 143-160.

[6] TROUETTE B, DELCARTE C, LABROSSE G. About the ellipticity of the Chebyshev-Gauss-Radau discrete Laplacian with Neumann condition[J]. Journal of Computational Physics, 2010, 229(19): 7277-7286.

[7] KIM A D, ISHIMARU A. A Chebyshev spectral method for radiative transfer equations applied to electromagnetic wave propagation and scattering in a discrete random medium [J]. Journal of Computational Physics, 1999, 152(1): 264-280.

[8] LI B W, YAO Q, CAO X Y, et al. A new discrete ordinates quadrature scheme for three-dimensional radiative heat transfer[J]. Journal of Heat Transfer, 1998, 120(2): 514-518.

[9] LEWIS E E, MILLER W F. Computational methods of neutron transport[M]. New York: John Wiley & Sons, 1984.

[10] CARLSON B G, LATHROP K D. Transport theory: the method of discrete ordinates [M]. Los Alamos: Los Alamos Scientific Laboratory of the University of California, 1965.

[11] COELHO P J. Advances in the discrete ordinates and finite volume methods for the solution of radiative heat transfer problems in participating media[J]. Journal of Quantitative Spectroscopy and Radiative Transfer, 2014, 145: 121-146.

[12] MOREL J E, MONTRY G R. Analysis and elimination of the discrete-ordinates flux dip [J]. Transport Theory and Statistical Physics, 1984, 13(5): 615-633.

[13] LIU F, BECKER H A, POLLARD A. Spatial differencing schemes of the discrete-ordinates method[J]. Numerical Heat Transfer, Part B: Fundamentals, 1996, 30(1): 23-43.

[14] FIVELAND W A, JESSEE J P. Comparison of discrete ordinates formulations for radiative heat transfer in multidimensional geometries[J]. Journal of Thermophysics and Heat Transfer, 1995, 9(1): 47-54.

[15] LIU L H, ZHANG L, TAN H P. Finite element method for radiation heat transfer in multi-dimensional graded index medium[J]. Journal of Quantitative Spectroscopy and Radiative Transfer, 2006, 97(3): 436-445.

[16] WANG C A, SADAT H, DEZ V L. Meshless method for solving multidimensional radiative transfer in graded index medium[J]. Applied Mathematical Modelling, 2012, 36(11): 5309-5319.

[17] MODEST M F. Radiative heat transfer[M]. San Diego: Academic Press, 2003.

[18] LATHROP K D. A comparison of angular difference schemes for one-dimensional

spherical geometry SN equations [J]. Nuclear Science and Engineering, 2000, 134: 239 - 264.

[19] LARSEN E W, MOREL J E. Advances in discrete-ordinates methodology [M]. Berlin: Springer Netherlands, 2010: 1 - 84.

[20] HUSSAINI M Y, KOPRIVA D A, SALAS M D, et al. Spectral methods for the Euler equations: part II—Chebyshev methods and shock fitting [J]. AIAA Journal, 1985, 23(2): 234 - 240.

[21] CHEN S S, LI B W. Application of collocation spectral domain decomposition method to solve radiative heat transfer in 2D partitioned domains [J]. Journal of Quantitative Spectroscopy and Radiative Transfer, 2014, 149: 275 - 284.

[22] COELHO P J. The role of ray effects and false scattering on the accuracy of the standard and modified discrete ordinates methods [J]. Journal of Quantitative Spectroscopy and Radiative Transfer, 2002, 73(2 - 5): 231 - 238.

[23] AZAD F H, MODEST M F. Evaluation of the radiative heat flux in absorbing, emitting and linear-anisotropically scattering cylindrical media [J]. Journal of Heat Transfer, 1981, 103(2): 350 - 356.

[24] ADAMS M L, LARSEN E W. Fast iterative methods for discrete-ordinates particle transport calculations [J]. Progress in Nuclear Energy, 2002, 40(1): 3 - 159.

第5章 基于间断谱元法的非均匀介质内高温热辐射分析

谱元法是随着谱方法的发展而提出来的。它继承了谱方法的高阶收敛的优点,并克服了求解复杂区域问题带来的困难。谱元法增强了对复杂区域的适应性。Karniadakis 和 Sherwin[1] 将基于非结构网格的谱元法应用到流体力学计算中。近年来,被国内外学者扩展到不可压缩流[2-4]、湍流[5]和电磁学[6]。但热辐射与上述问题不同,对于复杂区域或复杂介质,存在明显的间断遮蔽效应。需要在谱元法的单元中引入间断,形成一种间断谱元法[7]。该方法既充分考虑了间断有限元对复杂结构的适应性好、方程离散和求解均在间断单元内进行等优点,又利用了谱方法的高精度特性,在间断单元内进行高阶离散。因此,间断谱元法兼具几何灵活性和局部高阶性,是进行复杂区域或复杂介质内高温热辐射分析的比较有潜力方法之一。

本章首先介绍非均匀介质直角坐标系辐射传递方程,然后写成离散坐标形式的辐射传递方程,依据 Lemonnier 和 Le Dez 思想处理角向微分项,最后得到要处理的离散坐标形式的辐射传递方程,进一步实施间断谱元法用于求解离散形式的辐射传递方程。在求解之前,给出空间及角度扫描过程的图示及求解步骤。为了测试求解方案的可行性及精度问题,制造出一维非均匀介质辐射问题的解析解与间断谱元法结果进行对比。接着测试间断谱元法用于求解直角坐标系下非均匀介质内辐射传递问题的性能。

5.1 直角坐标系下非均匀介质辐射传递方程

在直角坐标系下,根据 Liu[8] 的推导,对于稳态下的具有变折射率、吸收、发射及散射的辐射传递方程可以写成如下散度形式：

$$
\begin{aligned}
&\boldsymbol{\Omega}\cdot\nabla I(\boldsymbol{s},\boldsymbol{\Omega})+\frac{1}{2n^2\sin\theta}\frac{\partial}{\partial\theta}[I(\boldsymbol{s},\boldsymbol{\Omega})(\xi\boldsymbol{\Omega}-\boldsymbol{k})\cdot\nabla n^2]\\
&+\frac{1}{2n^2\sin\theta^n}\frac{\partial}{\partial\varphi}[I(\boldsymbol{s},\boldsymbol{\Omega})(\boldsymbol{s}_1\cdot\nabla n^2)]+(\kappa_a+\kappa_s)I(\boldsymbol{s},\boldsymbol{\Omega})\\
&=n^2\kappa_a I_b(\boldsymbol{s})+\frac{\kappa_s}{4\pi}\int_{4\pi}I(\boldsymbol{s},\boldsymbol{\Omega}')\Phi(\boldsymbol{\Omega}',\boldsymbol{\Omega})\mathrm{d}\boldsymbol{\Omega}'
\end{aligned}
\tag{5-1}
$$

$$
\boldsymbol{\Omega}=\mu\boldsymbol{i}+\eta\boldsymbol{j}+\xi\boldsymbol{k}=\sin\theta\cos\varphi\boldsymbol{i}+\sin\theta\sin\varphi\boldsymbol{j}+\cos\theta\boldsymbol{k} \tag{5-2}
$$

$$
\boldsymbol{s}_1=-\sin\varphi\boldsymbol{i}+\cos\varphi\boldsymbol{j} \tag{5-3}
$$

式(5－1)中∇是梯度算子,其含义为$\nabla=\boldsymbol{i}\partial/\partial x+\boldsymbol{j}\partial/\partial y+\boldsymbol{k}\partial/\partial z$; I 是辐射强度,是空间位置 $\boldsymbol{s}$ 和方向 $\boldsymbol{\Omega}$ 的函数;n 是介质的折射率,随着空间变化; κ_a 和 κ_s 分别是吸收系数和散射系数;θ 和 φ 分别是极角和方位角; I_b 是黑体辐射强度; $\Phi(\boldsymbol{\Omega}',\boldsymbol{\Omega})$ 是入射方向 $\boldsymbol{\Omega}'$ 到出射方向 $\boldsymbol{\Omega}$ 的散射相函数。

5.2　基于间断谱元法的离散求解过程

5.2.1　辐射传递方程的离散

首先,对式(5－1)采用离散坐标离散角度空间,变成离散坐标形式的辐射传递方程。使用角度分段常数求积方案来进行立体角的离散,将角向极角 θ 和方位角 φ 分别离散为 N_θ 和 N_φ 份:

$$
\varphi^m=(m-1/2)\Delta\varphi,\quad m=1,2,\cdots,N_\varphi \tag{5-4}
$$

$$
\theta^n=(n-1/2)\Delta\theta,\quad n=1,2,\cdots,N_\theta \tag{5-5}
$$

式中, $\Delta\varphi=2\pi/N_\varphi$, $\Delta\theta=\pi/N_\theta$。 对于每一个离散的方向,其对应的极角和方位角的权值为

$$
w_\varphi^m=\int_{\varphi^{m-1/2}}^{\varphi^{m+1/2}}\mathrm{d}\varphi=\varphi^{m+1/2}-\varphi^{m-1/2},\quad m=1,2,\cdots,N_\varphi \tag{5-6}
$$

$$
w_\theta^n=\int_{\theta^{n-1/2}}^{\theta^{n+1/2}}\sin\theta\,\mathrm{d}\theta=\cos\theta^{n-1/2}-\cos\theta^{n+1/2},\quad n=1,2,\cdots,N_\theta \tag{5-7}
$$

$$\varphi^{m+1/2} = (\varphi^m + \varphi^{m+1})/2 \tag{5-8}$$

$$\theta^{n+1/2} = (\theta^n + \theta^{n+1})/2 \tag{5-9}$$

此时,式(5-1)写成离散坐标形式:

$$\begin{aligned}&\boldsymbol{\Omega}^{m,n} \cdot \nabla I(\boldsymbol{s}, \boldsymbol{\Omega}^{m,n}) + \frac{1}{2n^2 \sin\theta^n}\left\{\frac{\partial}{\partial\theta}[I(\boldsymbol{s}, \boldsymbol{\Omega})(\xi\boldsymbol{\Omega} - \boldsymbol{k}) \cdot \nabla n^2]\right\}_{\boldsymbol{\Omega}=\boldsymbol{\Omega}^{m,n}} \\ &+ \frac{1}{2n^2 \sin\theta^n}\left\{\frac{\partial}{\partial\varphi}[I(\boldsymbol{s}, \boldsymbol{\Omega})(\boldsymbol{s}_1 \cdot \nabla n^2)]\right\}_{\boldsymbol{\Omega}=\boldsymbol{\Omega}^{m,n}} + (\kappa_a + \kappa_s) I(\boldsymbol{s}, \boldsymbol{\Omega}^{m,n}) \\ &= n^2 \kappa_a I_b(\boldsymbol{s}) + \frac{\kappa_s}{4\pi}\sum_{m'=1}^{N_\varphi}\sum_{n'=1}^{N_\theta} I(\boldsymbol{s}, \boldsymbol{\Omega}^{m',n'}) \Phi(\boldsymbol{\Omega}^{m',n'}, \boldsymbol{\Omega}^{m,n}) w_\varphi^{m'} w_\theta^{n'}\end{aligned} \tag{5-10}$$

式(5-10)等号左边第二项及第三项为角向再分配项,根据文献[9]中的处理思想,这两项写为

$$\begin{aligned}&\frac{1}{2n^2 \sin\theta^n}\left\{\frac{\partial}{\partial\theta}[I(\boldsymbol{s}, \boldsymbol{\Omega})(\xi\boldsymbol{\Omega} - \boldsymbol{k}) \cdot \nabla n^2]\right\}_{\boldsymbol{\Omega}=\boldsymbol{\Omega}^{m,n}} \\ &= \frac{\chi_\theta^{m,n+1/2} I^{m,n+1/2} - \chi_\theta^{m,n-1/2} I^{m,n-1/2}}{w_\theta^n}\end{aligned} \tag{5-11}$$

$$\frac{1}{2n^2 \sin\theta^n}\left\{\frac{\partial}{\partial\varphi}[I(\boldsymbol{s}, \boldsymbol{\Omega})(\boldsymbol{s}_1 \cdot \nabla n^2)]\right\}_{\boldsymbol{\Omega}=\boldsymbol{\Omega}^{m,n}} = \frac{\chi_\varphi^{m+1/2,n} I^{m+1/2,n} - \chi_\varphi^{m-1/2,n} I^{m-1/2,n}}{w_\varphi^m} \tag{5-12}$$

在式(5-11)中,如果当辐射强度在一个方向范围内为常数,则式(5-11)变形为

$$\chi_\theta^{m,n+1/2} - \chi_\theta^{m,n-1/2} = \frac{w_\theta^n}{2n^2 \sin\theta^n}\left\{\frac{\partial}{\partial\theta}[I(\boldsymbol{s}, \boldsymbol{\Omega})(\xi\boldsymbol{\Omega} - \boldsymbol{k}) \cdot \nabla n^2]\right\}_{\boldsymbol{\Omega}=\boldsymbol{\Omega}^{m,n}} \tag{5-13}$$

此时,需要确定$\chi_\theta^{m,1/2}$及$\chi_\theta^{m,N_\theta+1/2}$这两个变量表达式后,才能求解出所有的$\chi_\theta^{m,n+1/2}$。在极角$\theta$方向$[0, \pi]$范围进行积分:

$$\int_0^{\pi} \frac{1}{2n^2\sin\theta}\left\{\frac{\partial}{\partial\theta}\left[I(\boldsymbol{s},\boldsymbol{\Omega})(\xi\boldsymbol{\Omega}-\boldsymbol{k})\cdot\nabla n^2\right]\right\}\sin\theta\mathrm{d}\theta$$
$$=\frac{1}{2n^2}\left[I(\boldsymbol{s},\boldsymbol{\Omega})(\xi\boldsymbol{\Omega}-\boldsymbol{k})\cdot\nabla n^2\right]_{\theta=\pi}-\frac{1}{2n^2}\left[I(\boldsymbol{s},\boldsymbol{\Omega})(\xi\boldsymbol{\Omega}-\boldsymbol{k})\cdot\nabla n^2\right]_{\theta=0}=0 \tag{5-14}$$

当采用数值离散求解积分时，则

$$\begin{aligned}
&\int_0^{\pi} \frac{1}{2n^2\sin\theta}\left\{\frac{\partial}{\partial\theta}\left[I(\boldsymbol{s},\boldsymbol{\Omega})(\xi\boldsymbol{\Omega}-\boldsymbol{k})\cdot\nabla n^2\right]\right\}\sin\theta\mathrm{d}\theta\\
&=\sum_{n=1}^{N_\theta} w_\theta^n\left\{\frac{1}{2n^2\sin\theta^n}\frac{\partial}{\partial\theta}\left[I(\boldsymbol{s},\boldsymbol{\Omega})(\xi\boldsymbol{\Omega}-\boldsymbol{k})\cdot\nabla n^2\right]\right\}_{\theta^n}\\
&=\sum_{n=1}^{N_\theta}(\chi_\theta^{m,\,n+1/2}I^{m,\,n+1/2}-\chi_\theta^{m,\,n-1/2}I^{m,\,n-1/2})\\
&=\chi_\theta^{m,\,N_\theta+1/2}I^{m,\,N_\theta+1/2}-\chi_\theta^{m,\,1/2}I^{m,\,1/2}
\end{aligned} \tag{5-15}$$

由于式(5－14)和式(5－15)是等价的，且 $I^{m,\,N_\theta+1/2}$ 和 $I^{m,\,1/2}$ 不相等，则只有

$$\chi_\theta^{m,\,1/2}=\chi_\theta^{m,\,N_\theta+1/2}=0 \tag{5-16}$$

同理，对于式(5－12)，当辐射强度在一个方向范围内为常数，则式(5－12)变形为

$$\chi_\varphi^{m+1/2,\,n}-\chi_\varphi^{m-1/2,\,n}=\frac{w_\varphi^m}{2n^2\sin\theta^n}\left\{\frac{\partial}{\partial\varphi}\left[I(\boldsymbol{s},\boldsymbol{\Omega})(\boldsymbol{s}_1\cdot\nabla n^2)\right]\right\}_{\boldsymbol{\Omega}=\boldsymbol{\Omega}^{m,\,n}} \tag{5-17}$$

要得到式(5－17)结果，则需要知道 $\chi_\varphi^{1/2,\,n}$ 及 $\chi_\varphi^{N_\varphi+1/2,\,n}$ 的值。在方位角 φ 的 $[0,\,2\pi]$ 上进行积分得到：

$$\begin{aligned}
&\int_0^{2\pi}\frac{1}{2n^2\sin\theta^n}\left\{\frac{\partial}{\partial\varphi}\left[I(\boldsymbol{s},\boldsymbol{\Omega})(\boldsymbol{s}_1\cdot\nabla n^2)\right]\right\}\mathrm{d}\varphi\\
&=\frac{1}{2n^2\sin\theta^n}\left\{\left[I(\boldsymbol{s},\boldsymbol{\Omega})(\boldsymbol{s}_1\cdot\nabla n^2)\right]_{\varphi=2\pi}-\left[I(\boldsymbol{s},\boldsymbol{\Omega})(\boldsymbol{s}_1\cdot\nabla n^2)\right]_{\varphi=0}\right\}
\end{aligned} \tag{5-18}$$

当用数值离散积分时，则

$$\int_0^{2\pi} \frac{1}{2n^2 \sin\theta^n} \left\{ \frac{\partial}{\partial\varphi} [I(\boldsymbol{s}, \boldsymbol{\Omega})(\boldsymbol{s}_1 \cdot \nabla n^2)] \right\} \mathrm{d}\varphi$$

$$= \sum_{m=1}^{N_\varphi} w_\varphi^m \left\{ \frac{1}{2n^2 \sin\theta^n} \frac{\partial}{\partial\varphi} [I(\boldsymbol{s}, \boldsymbol{\Omega})(\boldsymbol{s}_1 \cdot \nabla n^2)] \right\}_{\varphi^m} \tag{5-19}$$

$$= \sum_{m=1}^{N_\varphi} (\chi_\varphi^{m+1/2,\,n} I^{m+1/2,\,n} - \chi_\varphi^{m-1/2,\,n} I^{m-1/2,\,n})$$

$$= \chi_\varphi^{N_\varphi+1/2,\,n} I^{N_\varphi+1/2,\,n} - \chi_\varphi^{1/2,\,n} I^{1/2,\,n}$$

由于在方位角的取值范围是[0, 2π]，则辐射强度 $I^{N_\varphi+1/2,\,n} = I^{2\pi,\,n}$，$I^{1/2,\,n} = I^{0,\,n}$，对比式(5－18)和式(5－19)得

$$\chi_\varphi^{1/2,\,n} = \chi_\varphi^{N_\varphi+1/2,\,n} = \frac{1}{2n^2 \sin\theta^n} (\boldsymbol{j} \cdot \nabla n^2) \tag{5-20}$$

接下来将角向辐射强度上下游之间的关系式改写为

$$\chi_\varphi^{m+1/2,\,n} I^{m+1/2,\,n} = \max(\chi_\varphi^{m+1/2,\,n}, 0) I^{m,\,n} - \max(-\chi_\varphi^{m+1/2,\,n}, 0) I^{m+1,\,n} \tag{5-21a}$$

$$\chi_\varphi^{m-1/2,\,n} I^{m-1/2,\,n} = \max(\chi_\varphi^{m-1/2,\,n}, 0) I^{m-1,\,n} - \max(-\chi_\varphi^{m-1/2,\,n}, 0) I^{m,\,n} \tag{5-21b}$$

$$\chi_\theta^{m,\,n+1/2} I^{m,\,n+1/2} = \max(\chi_\theta^{m,\,n+1/2}, 0) I^{m,\,n} - \max(-\chi_\theta^{m,\,n+1/2}, 0) I^{m,\,n+1} \tag{5-21c}$$

$$\chi_\theta^{m,\,n-1/2} I^{m,\,n-1/2} = \max(\chi_\theta^{m,\,n-1/2}, 0) I^{m,\,n-1} - \max(-\chi_\theta^{m,\,n-1/2}, 0) I^{m,\,n} \tag{5-21d}$$

此时式(5－10)可以写为

$$\boldsymbol{\Omega}^{m,\,n} \cdot \nabla I(\boldsymbol{s}, \boldsymbol{\Omega}^{m,\,n}) + \delta^{m,\,n} I^{m,\,n}(\boldsymbol{s}) = S^{m,\,n}(\boldsymbol{s}) \tag{5-22}$$

其中，$\delta^{m,\,n}(\boldsymbol{s})$ 和 $S^{m,\,n}(\boldsymbol{s})$ 分别表示为

$$\delta^{m,\,n}(\boldsymbol{s}) = \kappa_{\mathrm{a}} + \kappa_{\mathrm{s}} + \frac{1}{w_\theta^n} \max(\chi_\theta^{m,\,n+1/2}, 0) + \frac{1}{w_\theta^n} \max(-\chi_\theta^{m,\,n-1/2}, 0)$$

$$+\frac{1}{w_{\varphi}^{m}}\max(\chi_{\varphi}^{m+1/2,n},0)+\frac{1}{w_{\varphi}^{m}}\max(-\chi_{\varphi}^{m-1/2,n},0) \tag{5-23}$$

$$S^{m,n}(\boldsymbol{s})=n^2\kappa_{\mathrm{a}}I_{\mathrm{b}}(\boldsymbol{s})+\frac{\kappa_{\mathrm{s}}}{4\pi}\sum_{m'=1}^{N_\varphi}\sum_{n'=1}^{N_\theta}I(\boldsymbol{s},\boldsymbol{\Omega}^{m',n'})\Phi(\boldsymbol{\Omega}^{m',n'},\boldsymbol{\Omega}^{m,n})w_{\varphi}^{m'}w_{\theta}^{n'}$$
$$+\frac{1}{w_{\theta}^{n}}\max(-\chi_{\theta}^{m,n+1/2},0)I^{m,n+1}+\frac{1}{w_{\theta}^{n}}\max(\chi_{\theta}^{m,n-1/2},0)I^{m,n-1}$$
$$+\frac{1}{w_{\varphi}^{m}}\max(-\chi_{\varphi}^{m+1/2,n},0)I^{m+1,n}+\frac{1}{w_{\varphi}^{m}}\max(\chi_{\varphi}^{m-1/2,n},0)I^{m-1,n} \tag{5-24}$$

相应的边界条件进行离散之后改写为

$$I^{m,n}(\boldsymbol{s}_{\mathrm{w}},\boldsymbol{\Omega})=n^2\varepsilon_{\mathrm{w}}I_{\mathrm{b}}(\boldsymbol{s}_{\mathrm{w}})+\sum_{m'=1}^{N_\varphi}\sum_{n'=1}^{N_\theta}I^{m',n'}\left|n_{\mathrm{w}}\cdot\boldsymbol{\Omega}^{m',n'}\right|w_{\theta}^{m'}w_{\varphi}^{n'},\ n_{\mathrm{w}}\cdot\boldsymbol{\Omega}^{m,n}\geqslant 0 \tag{5-25}$$

5.2.2　间断谱元法的实施过程

把计算域 $\boldsymbol{V}=\boldsymbol{U}_{e=1}^{N}\boldsymbol{V}^{e}$ 划分为不重合的小单元，辐射强度 I 在单元 V^e 内可以表示为

$$I^{m,n}(\boldsymbol{s})=\sum_{j=1}^{N_e}I_j^{m,n}\phi_j(\boldsymbol{s}) \tag{5-26}$$

其中，N_e 是单元内的求解节点总数；$\phi_j(\boldsymbol{s})$ 是节点基函数，使用 Galerkin 加权余量法，此时权函数和基函数相同。式(5－22)乘以权函数 ϕ_i 并积分为

$$\int_{V^e}[\boldsymbol{\Omega}^{m,n}\cdot\nabla I(\boldsymbol{s},\boldsymbol{\Omega}^{m,n})]\phi_i\mathrm{d}V+\int_{V^e}\delta^{m,n}I^{m,n}(\boldsymbol{s})\phi_i\mathrm{d}V=\int_{V^e}S^{m,n}(\boldsymbol{s})\phi_i\mathrm{d}V \tag{5-27}$$

将式(5－27)展开写成三维形式：

$$\int_{V^e}\mu^{m,n}\frac{\partial I^{m,n}(\boldsymbol{s})}{\partial x}\phi_i\mathrm{d}V+\int_{V^e}\eta^{m,n}\frac{\partial I^{m,n}(\boldsymbol{s})}{\partial y}\phi_i\mathrm{d}V+\int_{V^e}\xi^{m,n}\frac{\partial I^{m,n}(\boldsymbol{s})}{\partial z}\phi_i\mathrm{d}V$$
$$+\int_{V^e}\delta^{m,n}I^{m,n}(\boldsymbol{s})\phi_i\mathrm{d}V=\int_{V^e}S^{m,n}(\boldsymbol{s})\phi_i\mathrm{d}V \tag{5-28}$$

利用格林(Green)公式并结合式(5-26)可得

$$
\begin{aligned}
&-\left(\int_{V^e}\mu^{m,n}\sum_{j=1}^{N_e}I_j^{m,n}\phi_j(\boldsymbol{s})\frac{\partial\phi_i(\boldsymbol{s})}{\partial x}\mathrm{d}V+\int_{V^e}\eta^{m,n}\sum_{j=1}^{N_e}I_j^{m,n}\phi_j(\boldsymbol{s})\frac{\partial\phi_i(\boldsymbol{s})}{\partial y}\mathrm{d}V\right.\\
&\left.+\int_{V^e}\xi^{m,n}\sum_{j=1}^{N_e}I_j^{m,n}\phi_j(\boldsymbol{s})\frac{\partial\phi_i(\boldsymbol{s})}{\partial z}\mathrm{d}V\right)+\int_{D}\mu^{m,n}\sum_{j=1}^{N_e}I_j^{m,n}\phi_j(\boldsymbol{s})\phi_i(\boldsymbol{s})\mathrm{d}y\mathrm{d}z\\
&+\int_{D}\eta^{m,n}\sum_{j=1}^{N_e}I_j^{m,n}\phi_j(\boldsymbol{s})\phi_i(\boldsymbol{s})\mathrm{d}x\mathrm{d}z+\int_{D}\xi^{m,n}\sum_{j=1}^{N_e}I_j^{m,n}\phi_j(\boldsymbol{s})\phi_i(\boldsymbol{s})\mathrm{d}x\mathrm{d}y\\
&+\int_{V^e}\delta^{m,n}\sum_{j=1}^{N_e}I_j^{m,n}\phi_j(\boldsymbol{s})\phi_i(\boldsymbol{s})\mathrm{d}V=\int_{V^e}S^{m,n}(\boldsymbol{s})\phi_i(\boldsymbol{s})\mathrm{d}V
\end{aligned}
\tag{5-29}
$$

接下来将式(5-29)改写为

$$
\boldsymbol{K}^{m,n}\boldsymbol{I}^{m,n}=\boldsymbol{b}^{m,n} \tag{5-30}
$$

矩阵 $\boldsymbol{K}^{m,n}$ 和列向量 $\boldsymbol{b}^{m,n}$ 的单个元素表达式为

$$
\begin{aligned}
\boldsymbol{K}_{i,j}^{m,n}=&-\left(\int_{V^e}\mu^{m,n}\phi_j(\boldsymbol{s})\frac{\partial\phi_i(\boldsymbol{s})}{\partial x}\mathrm{d}V+\int_{V^e}\eta^{m,n}\phi_j(\boldsymbol{s})\frac{\partial\phi_i(\boldsymbol{s})}{\partial y}\mathrm{d}V\right.\\
&\left.+\int_{V^e}\xi^{m,n}\phi_j(\boldsymbol{s})\frac{\partial\phi_i(\boldsymbol{s})}{\partial z}\mathrm{d}V\right)+\int_{D,\,\mathrm{OUT}}\mu^{m,n}\phi_i(\boldsymbol{s})\phi_j(\boldsymbol{s})\mathrm{d}y\mathrm{d}z\\
&+\int_{D,\,\mathrm{OUT}}\eta^{m,n}\phi_i(\boldsymbol{s})\phi_j(\boldsymbol{s})\mathrm{d}x\mathrm{d}z+\int_{D,\,\mathrm{OUT}}\xi^{m,n}\phi_i(\boldsymbol{s})\phi_j(\boldsymbol{s})\mathrm{d}x\mathrm{d}y\\
&+\int_{V^e}\delta^{m,n}\phi_j(\boldsymbol{s})\phi_i(\boldsymbol{s})\mathrm{d}V
\end{aligned}
\tag{5-31}
$$

$$
\begin{aligned}
\boldsymbol{b}_i^{m,n}=&-\left(\int_{D,\,\mathrm{IN}}\mu^{m,n}\phi_i(\boldsymbol{s})\phi_j(\boldsymbol{s})\mathrm{d}y\mathrm{d}z+\int_{D,\,\mathrm{IN}}\eta^{m,n}\phi_i(\boldsymbol{s})\phi_j(\boldsymbol{s})\mathrm{d}x\mathrm{d}z\right.\\
&\left.+\int_{D,\,\mathrm{IN}}\xi^{m,n}\phi_i(\boldsymbol{s})\phi_j(\boldsymbol{s})\mathrm{d}x\mathrm{d}y\right)+\int_{V^e}S^{m,n}(\boldsymbol{s})\phi_i(\boldsymbol{s})\mathrm{d}V
\end{aligned}
\tag{5-32}
$$

其中,积分中 OUT 和 IN 表示边界流出及流入的通量。对于间断谱元方案,其流入的通量已知,故放在 $\boldsymbol{b}$ 中。对于不同维数的辐射问题,其分别是面、线及点的积分。

5.2.3　求解扫描过程

使用间断谱元法用于求解辐射传递问题时，涉及求解域的扫描以及单元之间信息的传递过程。下面以一个二维热辐射问题为例给出其求解扫描示意图，就二维热辐射问题来说，包含空间二维(x, y)及角向二维(θ, φ)的信息。

如图5-1所示，在角度空间上其方位角φ的取值范围为$[0, 2\pi]$，极角的取值范围为$[0, \pi]$。由于所考虑是二维辐射问题，其只需要在方位角上划分四个求解区域，在图中用不同颜色所标①、②、③、④区域。如果是三维辐射问题则需要考虑八个区域。图5-2给出了φ的取值范围为$[0, \pi/2]$时，空间网格的扫描过程。首先将求解域划分为互不重叠的小单元，在单元内布置所求节点，根据边界已知量则可以求解第一个单元的所有未知量。通过第一个单元的边界信息作为已知量传入相邻单元，则沿着x轴的单元全部求解完毕，开

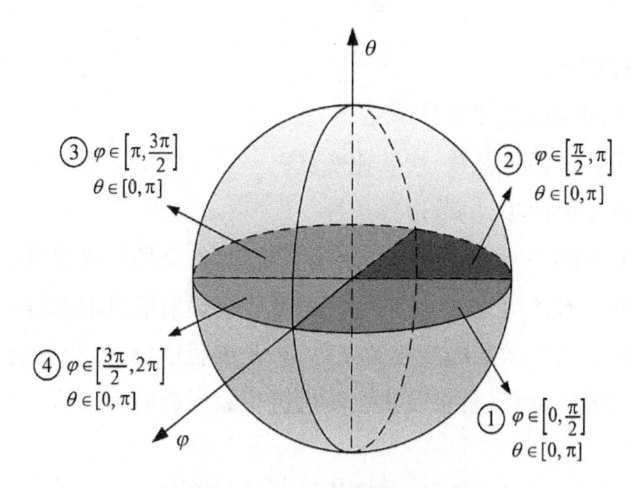

图5-1　角度空间示意图

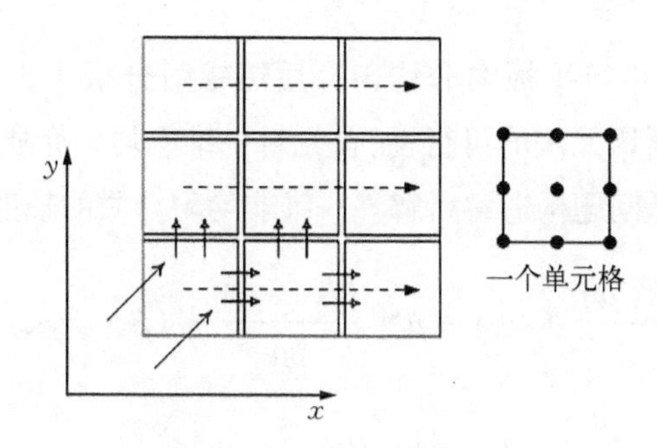

图5-2　空间扫描过程

始步进扫描 y 轴方向的信息,然后又沿着 x 轴扫描,直至求解完全场信息,完成扫描工作。

5.2.4 边界条件施加及求解过程

由于采用离散坐标形式的辐射传递方程,在确定一个角向方向后,这个方向上整场的辐射场信息都能够求解出来。本书所考虑的辐射边界条件为漫灰边界条件,间断谱元法由于逐个单元进行求解,则只对边界处的单元施加边界条件:

$$\boldsymbol{K}_{i,j}^{m,n}=\begin{cases}1, & i=j\\0, & i\neq j\end{cases} \tag{5-33}$$

$$\boldsymbol{b}_{i}^{m,n}=I_{i}^{m,n} \tag{5-34}$$

具体求解过程如下:

(1) 对空间求解区域划分单元;

(2) 确定各个输入参数,初始化变量;

(3) 求解辐射源项,离散边界条件;

(4) 对给定的一个角度方向开始组装矩阵,并全场扫描求解;

(5) 循环所有角度方向,完成空间角度所有辐射信息的求解;

(6) 判断是否收敛到给定收敛条件,若是则程序结束,否则更新辐射源项并返回第三步继续计算,直至收敛。然后进行数据后处理工作。

5.3 结果分析与讨论

5.3.1 一维平行平板内非均匀介质热辐射分析

为了检验间断谱元法的可行性,首先对一维非均匀介质内存在的吸收、发射及散射辐射传递问题构造解析解。一维非均匀介质的辐射传递方程为

$$\begin{aligned}&\mu\frac{\partial I(x,\mu)}{\partial x}+\gamma(1-\mu^{2})\frac{\partial I(x,\mu)}{\partial \mu}+(\beta-2\gamma\mu)I(x,\mu)\\&=n^{2}\kappa_{\mathrm{a}}I_{\mathrm{b}}+\frac{\kappa_{\mathrm{s}}}{2}\int_{-1}^{1}I(x,\mu')\Phi(\mu,\mu')\,\mathrm{d}\mu\end{aligned} \tag{5-35}$$

式中，μ 是方向余弦 ($\mu = \cos\theta$)；β 是衰减系数 ($\beta = \kappa_a + \kappa_s$)；$n$ 是介质的折射率；γ 是关于介质折射率的参数，定义为

$$\gamma = \frac{1}{n}\frac{\mathrm{d}n}{\mathrm{d}x} \tag{5-36}$$

构造解析解的第一步是给定辐射强度 I 在空间角度上的分布函数，表达式为

$$I(x,\ \mu) = \exp(-ax)(c + b\mu) \tag{5-37}$$

式(5-37)中辐射强度 I 是关于空间及角度的函数。考虑介质为各向同性散射，即散射相函数 $\Phi(\mu,\ \mu') = 1$，将式(5-37)其代入式(5-35)：

$$I_b = \frac{\exp(-ax)\left[-a\mu(c + b\mu) + \gamma b(1 - \mu^2) + (\beta - 2\gamma\mu)(c + b\mu) - \kappa_s\right]}{n^2\kappa_a} \tag{5-38}$$

此时，通过对参数 a、b、c 赋值，代入式(5-38)得到 I_b 的值，施加边界条件后，可以得到辐射强度 I 的数值解。通过比较数值解与解析解(5-37)来判断间断谱元法的可行性及精度。为了说明吸收系数及散射系数的占比，定义两个参数：散射反照率 $\omega = \kappa_s/\beta$；光学厚度是衰减系数与特征长度的乘积，$\tau_L = \beta L$。

图 5-3 给出解析解及数值解的辐射强度 I 在空间角度上的分布情况，其中求解域划分 N=10 个单元，在每个单元内有 N_e=9 个求解节点，即其基函数

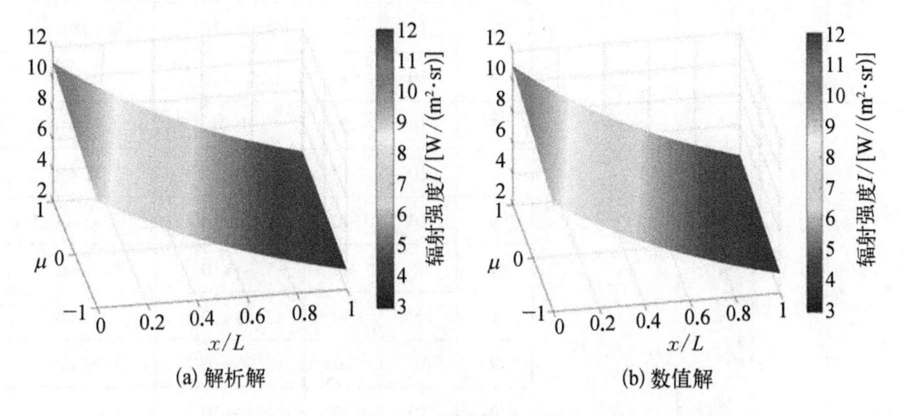

(a) 解析解　　(b) 数值解

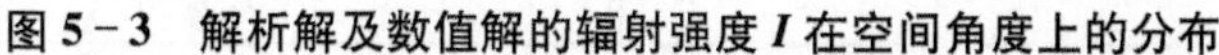

图 5-3　解析解及数值解的辐射强度 I 在空间角度上的分布

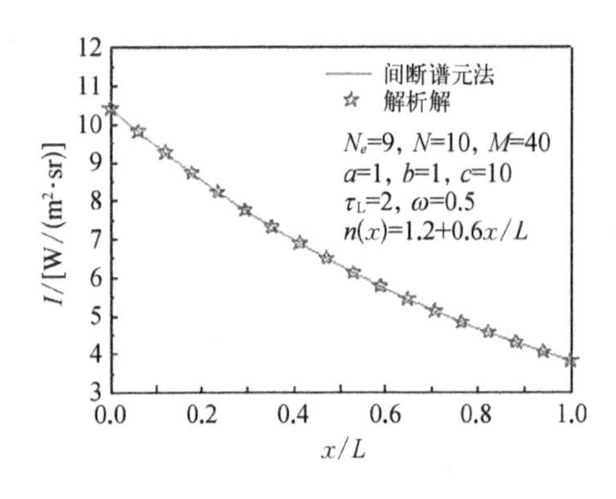

图 5-4　在 $\mu=0.4187$ 处沿着 x 轴辐射强度分布

为 $N_e-1=8$ 次多项式，在角向方向离散 $M=40$ 个方向。图 5-4 所示为在 $\mu=0.4187$ 处沿着 x 轴间断谱元法与解析解的对比，可以看到两者吻合较好。

为了验证间断谱元法的可行性，在两种折射率分布下，讨论不同空间单元及角向离散数目对结果的影响，并给出与解析解对比的相对误差的最小值及最大值。从表 5-1 中看到单元内插值节点数越多则结果越精确。空间单元及角向离散数目的选择同样对结果产生影响，但没有单元内插值节点数影响力大。经过上述的对比工作，证明间断谱元法求解非均匀介质内辐射传递问题是可行的。

表 5-1　解析解和数值解在不同工况下的相对误差比对

a	b	c	n	N_e	N	M	最大相对误差	最小相对误差
1	1	10	$1.2+0.6x/L$	3	10	40	7.32×10^{-2}	2.01×10^{-6}
				6	10	40	2.05×10^{-3}	1.09×10^{-6}
				9	10	40	2.04×10^{-3}	1.44×10^{-7}
				9	2	40	7.51×10^{-3}	1.01×10^{-6}
				9	5	40	2.05×10^{-3}	2.16×10^{-7}
				9	10	20	4.08×10^{-3}	9.03×10^{-7}
				9	10	30	2.71×10^{-3}	3.68×10^{-7}
1	1	10	$1.8-0.6\sin(\pi x/L)$	3	10	40	1.71	2.27×10^{-5}
				6	10	40	1.97×10^{-2}	7.72×10^{-7}
				9	10	40	1.83×10^{-2}	2.45×10^{-8}
				9	2	40	5.84×10^{-2}	4.68×10^{-7}
				9	5	40	2.08×10^{-2}	4.97×10^{-7}
				9	10	20	7.96×10^{-3}	7.26×10^{-7}
				9	10	30	1.12×10^{-2}	1.45×10^{-7}

接下来这个算例为一维平行平板充满非均匀介质的辐射传递问题。模型图如图5-5所示，平板左壁面的温度 T_0 = 1 000 K，右壁面的温度 T_L = 1 500 K，且左右壁面的发射率都是 $\varepsilon_0=\varepsilon_L=1$。无散射 $\omega=0$，平板长 L = 1 m，介质折射率呈线性变化，即 $n(x)=1.2+0.6x/L$。

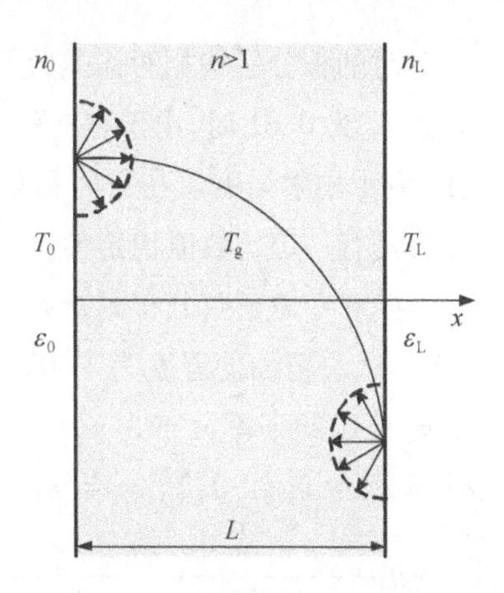

图5-5 一维平行平板模型图

空间求解域划分 N = 10 个单元，每个单元内布置 N_e = 9 个求解节点，角度方向离散数目为 M = 40。考虑光学厚度 τ_L 分别为0.01、0.1、1、3等四种工况下的温度分布。为了定量对比间断谱元法的求解结果与文献结果的误差大小，定义积分平均相对误差 ε_{error}：

$$\varepsilon_{error}=\frac{\int |\text{ numerical results}(x)-\text{benchmark resluts}(x)\,|\,\mathrm{d}x}{\int |\text{ benchmark results}(x)\,|\,\mathrm{d}x} \tag{5-39}$$

求解结果与文献[10]的弯曲光线追踪与伪光源叠加法结果进行对比，温度场分布曲线如图5-6(a)所示。在不同光学厚度下的间断谱元法的结果与弯曲光线追踪与伪光源叠加法的结果吻合较好。其光学厚度 τ_L 为0.01、0.1、

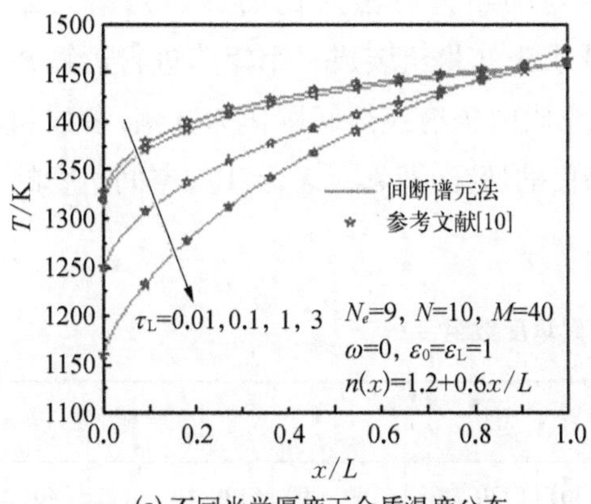

(a) 不同光学厚度下介质温度分布

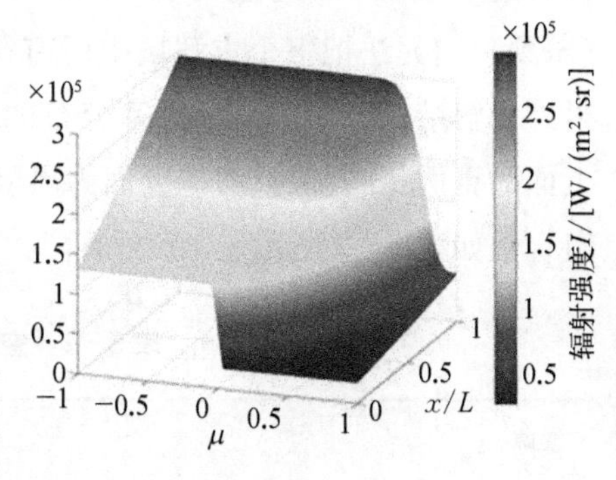

(b) τ_L=0.01时辐射强度值在空间和角度上的分布

图5-6 温度场分布曲线

1、3 时的积分平均相对误差分别为 0.11%、0.09%、0.05%、0.02%。当光学厚度 τ_L 为 0.01 时，由于存在较大梯度，用于检验数值方法的稳定性。图 5-6(b)表示辐射强度值在空间和角度上的分布，其并无振荡现象。因此，间断谱元法具有一定的数值稳定性。

接着考虑正弦分布的折射率介质内辐射传递问题，平板左壁面的温度为 1 000 K，右壁面的温度为 1 500 K，无散射 $\omega = 0$，平板长 $L = 1$ m，介质光学厚度 $\tau_L = 1$，折射率分布为 $n(x) = 1.8 - 0.6\sin(\pi x/L)$，给出三种不同的壁面发射率 $\varepsilon_0 = \varepsilon_L = 0.2$、$\varepsilon_0 = \varepsilon_L = 0.7$ 及 $\varepsilon_0 = \varepsilon_L = 1$ 对温度场的影响。空间及角度网格划分与上例中的定义相同。求解结果与文献[11]的弯曲光线追踪法进行对比。图 5-7 给出了正弦折射率下介质的温度分布对比图。从图中观察到，间断谱元法对求解正弦折射率分布的介质内辐射换热问题结果与文献的结果非常吻合，经过计算得到壁面发射率分别为 0.2、0.7、1 时的积分平均相对误差分别为 0.11%、0.07%、0.09%。

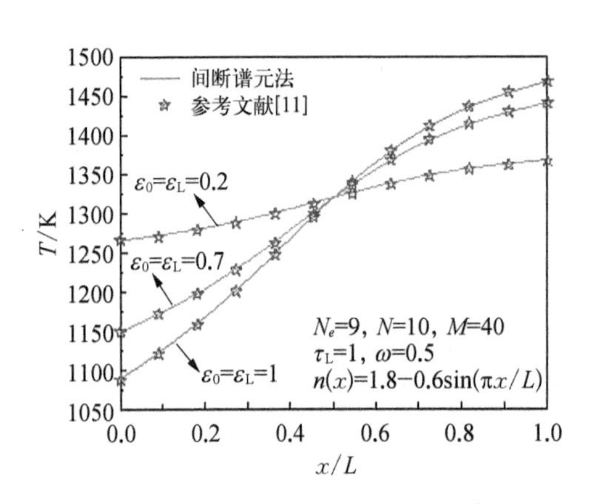

图 5-7 正弦折射率下介质的温度分布

间断谱元法具有逐单元计算特性，能够缩减计算机 CPU 运行时间，为了检验这一说法，在此进行验证工作。与间断谱元法对比的方法是谱元法(SEM)，谱元法把整个求解域中所有待求未知量组装成一个矩阵进行运算并得到求解结果。以正弦折射率分布的介质内辐射换热问题作为算例，参数和上面的算例相同，但只考虑壁面为黑壁面的情况，即 $\varepsilon_0 = \varepsilon_L = 1$。空间角度的组合数如表 5-2 所示。

表 5-2 空间角度数组合

算例	(N, M)							
算例 1	(10, 40)	(40, 40)	(70, 40)	(100, 40)	(130, 40)	(160, 40)	(190, 40)	(220, 40)
算例 2	(70, 10)	(70, 40)	(70, 70)	(70, 100)	(70, 130)	(70, 160)	(70, 190)	(70, 220)

如图 5-8 所示,表示随空间及角向网格数目增加计算机 CPU 运行时间的变化规律。首先固定角向离散数目,结果如图 5-8(a)所示,两种方法所用 CPU 运行时间都随着空间单元的增加而增加,但是间断谱元法的 CPU 运行时间随空间单元的增加幅度远比谱元法小,不在同一个量级上。在空间单元数目固定后,如图 5-8(b)所示,角度离散数目的增加也会引起两种方法 CPU 运行时间的增加,其中谱元法的增加速度也远大于间断谱元法。不同的是在角向离散数目增加的情况下,间断谱元法的 CPU 运行时间比增加空间离散单元的增长幅度大。这是因为在角度上增加空间单元数目后,其迭代次数会随之增加,导致 CPU 运行时间增加,而空间单元采用间断后,由于其采用高阶的数值方法,并不会增加迭代次数。

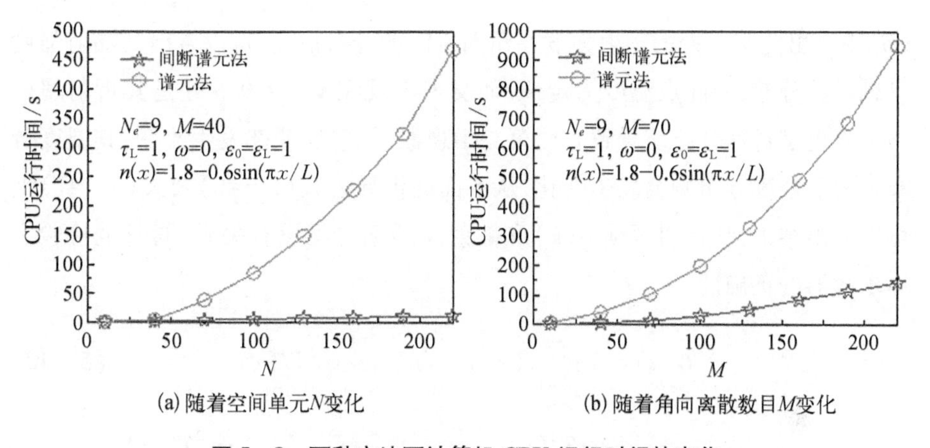

图 5-8　两种方法下计算机 CPU 运行时间的变化

本算例探究不同壁面发射率 ε 及散射反照率 ω 对辐射场温度分布情况的影响。考虑介质为各向同性散射、吸收及发射介质,折射率分布为 $n(x)=1.8-0.6\sin(\pi x/L)$,光学厚度 $\tau_L=1$。首先,测试在散射反照率为 $\omega=0.5$ 时,壁面发射率分别为 $\varepsilon_0=\varepsilon_L=0.2$、$\varepsilon_0=\varepsilon_L=0.5$、$\varepsilon_0=\varepsilon_L=0.8$ 的三种情况,其次,测试壁面发射率为 $\varepsilon_0=\varepsilon_L=1$,散射反照率分别为 $\omega=0.3$, $\omega=0.6$, $\omega=0.9$。

测试结果如图 5-9(a)所示,其中有两个现象。一是在不同散射反照率及壁面发射率下,在 $x/L=0.5$ 处出现一个温度交点;二是在壁面发射率一定时,改变散射反照率,其温度分布不会随之改变。

关于第一个现象,由于影响温度分布的因素是辐射强度的积分量,图 5-9

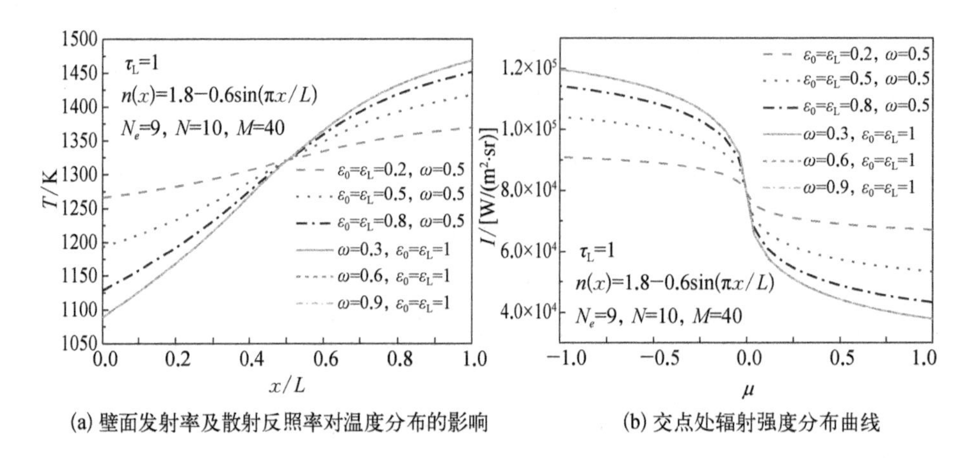

(a) 壁面发射率及散射反照率对温度分布的影响　　(b) 交点处辐射强度分布曲线

图 5-9　测试结果

(b)中给出此交点处的辐射强度在角向空间的分布情况,可以看出其辐射强度呈轴对称分布,因此点温度为定值,而交点出现在 $x/L=0.5$ 处是其折射率分布本身也是对称分布所导致。而第二个现象,散射反照率发生改变,其温度分布及辐射强度分布则会发生变化,从下面的推导公式(5-40)及式(5-41)上可以得出结论,其辐射源项 $S(x)$ 和散射反照率之间没有关系,同时也检验了本求解器的正确性。

$$G(x)=2\pi\int_{-1}^{1}I(x,\mu')\mathrm{d}\mu'=4\sigma n^2T^4(x) \tag{5-40}$$

$$S(x)=n^2(1-\omega)\frac{\sigma T^4(x)}{\pi}+\frac{\omega}{2}\int_{-1}^{1}I(x,\mu')\mathrm{d}\mu'=\frac{\sigma n^2T^4(x)}{\pi} \tag{5-41}$$

高温热辐射场中,用散射相函数表示能量向各个方向散射的分布规律。本节研究散射相函数对非均匀介质内辐射换热温度场的影响。其中散射相函数定义分别为

$$\Phi=\sum_{l=0}^{L}d_lP_l(\mu)P_l(\mu') \tag{5-42}$$

$$\Phi=1+a_1\mu\mu' \tag{5-43}$$

其中,P 是 Legendre 多项式,d_l 是系数;a_1 代表线性各向异性散射程度,具体参数 d_l 和 a_1 的值在表 5-3 中给出。

表 5－3　散射相函数系数取值

a_1/d_l	散射相函数 Φ					
	$\Phi = 1 + a_1\mu\mu'$			$\Phi = \sum_{l=0}^{L} d_l P_l(\mu) P_l(\mu')$		
	Φ_{-1}	Φ_0	Φ_1	B_2	F_2	F_1
0	-1	0	1	1.0	1.000 00	1.000 00
1				-1.2	2.009 17	2.536 02
2				0.5	1.563 39	3.565 49
3					0.674 07	3.979 76
4					0.222 15	4.002 92
5					0.047 25	3.664 01
6					0.006 71	3.016 01
7					0.000 68	2.233 04
8					0.000 05	1.302 51
9						0.534 63
10						0.201 36
11						0.054 80
12						0.010 99
13						0.845 34

图 5－10 表示辐射达到平衡时不同散射相函数下的温度分布，该算例不考虑介质吸收，散射反照率 $\omega = 1$，平板左壁面的温度为 1 000 K，右壁面的温度为 1 500 K，平板长为 $L = 1\ \mathrm{m}$，光学厚度为 $\tau_L = 1$，壁面发射率为 $\varepsilon_0 = \varepsilon_L = 1$，折射率线性变换 $n(x) = 1.2 + 0.6x/L$。从图中观察不同类型的散射相函数对温度的分布影响较大。向前散射程度最大的

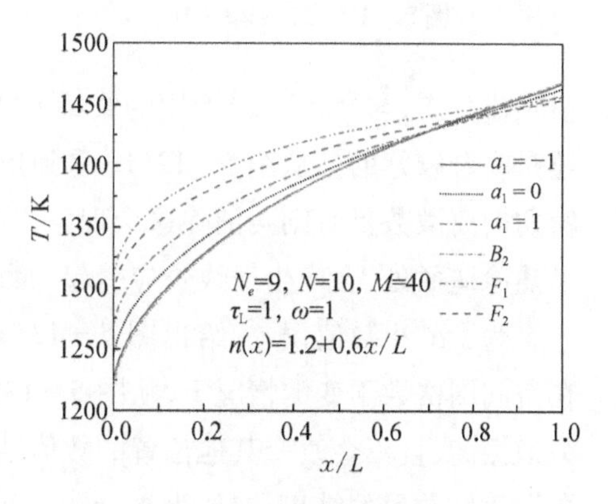

图 5－10　不同散射相函数对介质温度分布的影响

F_1 类型散射相函数能够使在辐射平衡时介质温度趋向右壁面温度。因为散射项作为内散射，即能量贡献量，在向前散射的过程中，左壁面发射的热射线在达到右壁面时衰减较大，而从右壁面发射出去的热射线衰减较小，右壁面温度高于左壁面，所以向前散射程度越大，温度分布整体趋向右壁面温度，出现较小的温差。当向后散射时则介质温差较大，这与图中温度规律一致。

5.3.2 二维矩形区域内非均匀介质热辐射分析

本节考虑二维矩形区域内非均匀介质内辐射换热问题，模型图如图 5-11 所示。x 方向长度和 y 方向长度分别为 H_x 和 H_y，壁面温度分别为 T_{w1}、T_{w2}、T_{w3}、T_{w4}，介质温度为 T_g，壁面发射率为 ε_w。

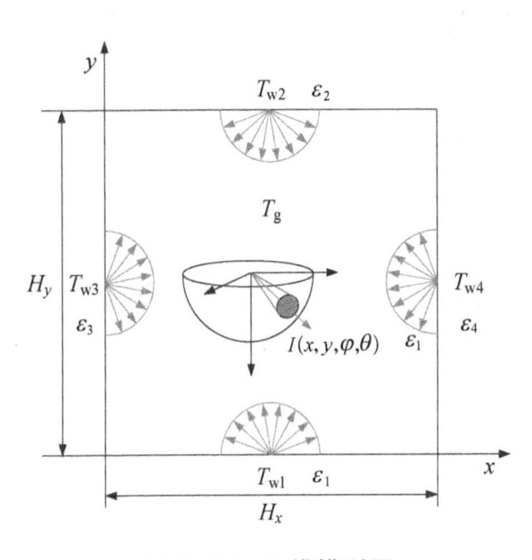

图 5-11 二维模型图

考虑折射率为层状类型 $n(x) = 5[1 - 0.9025(x/H)^2]^{0.5}$ 分布，模型为正方形区域 $H_x = H_y = H = 0.1$ m，参与性介质温度 $T_g = 0$ K，左壁面温度为 $T_{w3} = 1000$ K，其他壁面温度为 $T_{w1} = T_{w2} = T_{w4} = 0$ K，介质的散射反照率 $\omega = 0$，光学厚度 $\tau_H = 1$。此时，考虑角向离散数目对结果的影响，方位角和极角分别为 $N_\varphi = 20$、$N_\theta = 10$，$N_\varphi = 28$、$N_\theta = 14$，$N_\varphi = 36$、$N_\theta = 18$；$N_\varphi = 44$、$N_\theta = 22$。图 5-12(a) 给出了均匀网格分布及底壁面无量纲辐射热流分布，与文献[12]所用的蒙特卡罗(Monte-Carlo)精确解进行对比，整体还是吻合较好的。从图 5-12(b) 看到角向离散数目少会产生数值振荡，当加密角向离散数目时则会消除这个现象。而在 T_{w3} 壁面和 T_{w1} 壁面交点处，由于是热冷壁面处，会产生射线效应引起的数值误差。

为了减小数值误差，给出图 5-13(a) 所示加密角点的非均匀网格类型。在空间网格数不变的情况下，从图 5-13(b) 得到此类网格能够减缓角点处的数值振荡，且不会改变其他位置的数值结果，与文献吻合较好。通过对比不同角向离散数目的结果，取值为 $N_\varphi = 36$、$N_\theta = 18$ 时已经不会出现振荡现象，与取值 $N_\varphi = 44$、$N_\theta = 22$ 时的结果重合，故选取方位角及极角的离散数目为 $N_\varphi =$

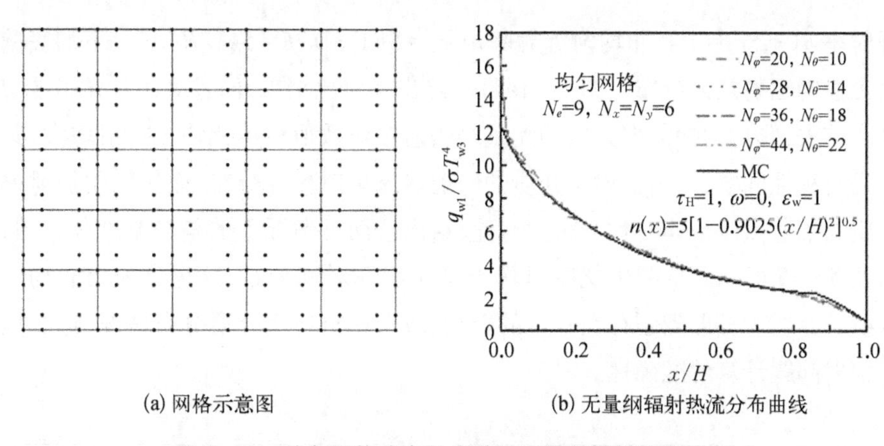

(a) 网格示意图　　(b) 无量纲辐射热流分布曲线

图5-12　均匀网格分布及底壁面无量纲辐射热流分布

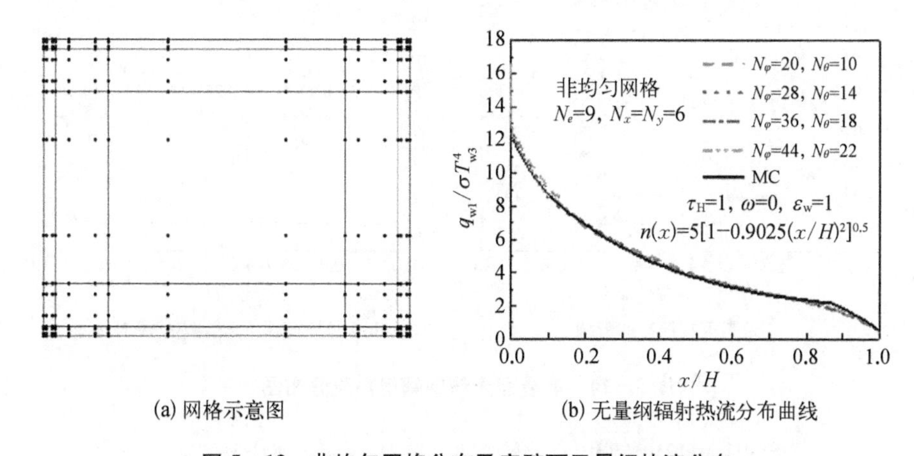

(a) 网格示意图　　(b) 无量纲辐射热流分布曲线

图5-13　非均匀网格分布及底壁面无量纲热流分布

36、$N_\theta = 18$ 作为下面二维算例角向离散数目。

接着考虑此折射率分布下的非辐射平衡问题，四个壁面全部为冷壁面 $T_{w1} = T_{w2} = T_{w3} = T_{w4} = 0$ K，而介质为热介质 $T_g = 1\,000$ K，壁面发射率 $\varepsilon_w = 1$，线性各向异性散射系数 $a_1 = 1$，光学厚度 $\tau_H = 1$。考虑吸收、散射介质对底壁面无量纲辐射热流 $q_{w1}/\sigma T_g^4$ 的影响，散射反照率分别为 $\omega = 0$，$\omega = 0.2$，$\omega = 0.5$，$\omega = 0.8$。如图5-14(a)所示给出了辐射热流的变化规律，随着散射反照率的增加，无量纲辐射热流 $q_{w1}/\sigma T_g^4$ 是减小的。这是因为参与性介质是热介质，散射反照率增加说明介质发射能量削减，导致到达壁面的热射线剩余的能量也就越少，因此无量纲辐射热流越小。为了进一步分析介质的折射率对辐射场所造成的影响，同样在本算例下，只考虑纯吸收介质的情况下，对比均匀

折射率 $n(x, y)=1$ 和非均匀折射率 $n(x)=5[1-0.9025(x/H)^2]^{0.5}$ 下的底壁面无量纲辐射热流分布。图 5－14(b) 给出了对比结果，两者对比差异非常明显。首先，非均匀折射率介质的无量纲辐射热流数值整体比均匀折射率大，其次是对称性问题，均匀折射率介质的辐射热流呈对称性分布，而非均匀折射率介质的辐射热流呈非对称分布。对此，给出这两种情况下的整场温度分布图，如图 5－15 所示。从图中能明显看出其温度非对称分布，这也反映出非均匀折射率介质对辐射问题存在一定的影响，应考虑折射率介质分布情况，进而提高辐射问题计算的准确性。

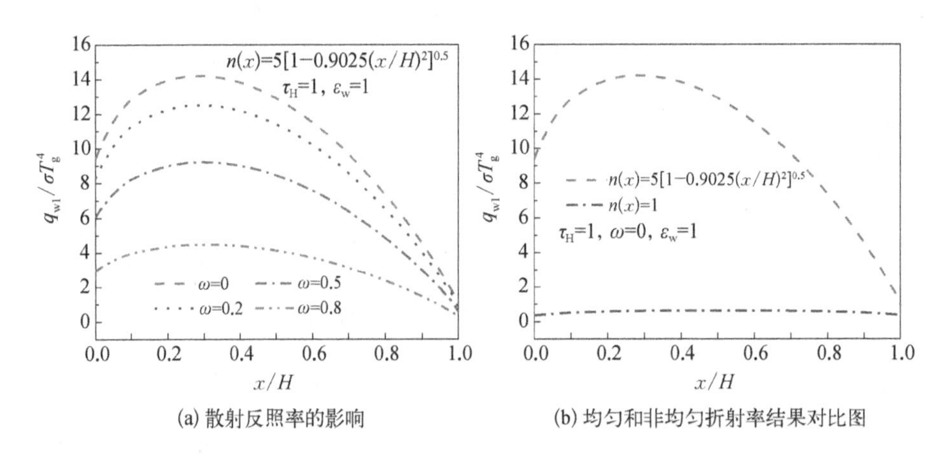

(a) 散射反照率的影响　　(b) 均匀和非均匀折射率结果对比图

图 5－14　底壁面无量纲辐射热流分布图

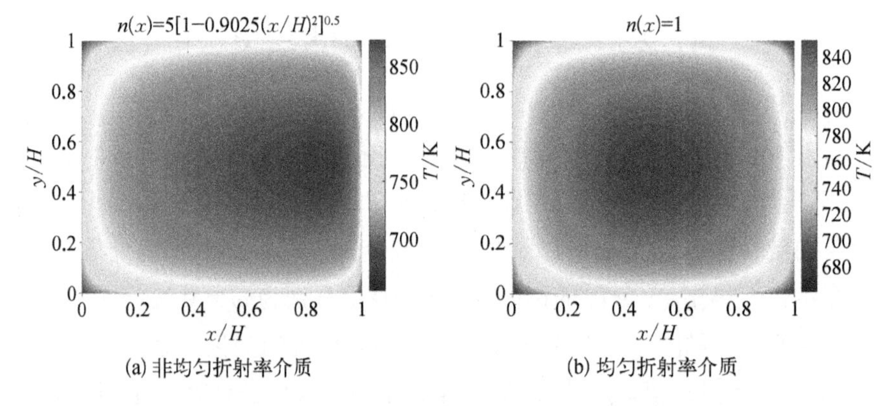

(a) 非均匀折射率介质　　(b) 均匀折射率介质

图 5－15　温度云图

模型为正方形区域 $H_x=H_y=H=0.1$ m，考虑介质折射率为线性分布 $n(x, y)=1+2(x+y)/H$，四个壁面发射率相同，底壁面的温度 $T_{w1}=1\,000$ K，

其余壁面温度为 $T_{w2}=T_{w3}=T_{w4}=0\,\mathrm{K}$，光学厚度为 $\tau_H=0.1$，散射反照率为 $\omega=1$，各向同性散射介质。选择底壁面无量纲辐射热流 $q_{w1}/\sigma T_{w1}^4$ 的结果进行分析比较。本算例在空间每个方向划分 $N_x=N_y=6$ 个单元，每个单元内插值节点取 $N_{ex}=N_{ey}=10$，角向离散数目分别为 $N_\varphi=36$ 及 $N_\theta=18$。图 5-16 给出三组壁面发射率下底壁面无量纲辐射热流分布 $q_{w1}/\sigma T_g^4$ 及温度分布云图。与 Liu[13]采用无网格 Petrov-Gelerkin 方法得到的数值解进行对比，可以看出吻合良好。通过计算得到壁面发射率 ε 为 0.1、0.5、1 时，此间断谱元法结果与文献结果的积分平均相对误差分别为 8%、0.76%、0.49%。从数据上看，当壁面发射率越小时，其误差较大。这是由于壁面发射率越小，直接由热壁面发射出去的能量占比越小，而来自其他壁面能量的占比增加，在温度存在间断的角点处由于射线效应会带来误差，同时导致达到辐射平衡时用时更长。图 5-16(b)~(d)分别是这三种壁面发射率下的温度分布云图，较为光滑，并没有出现

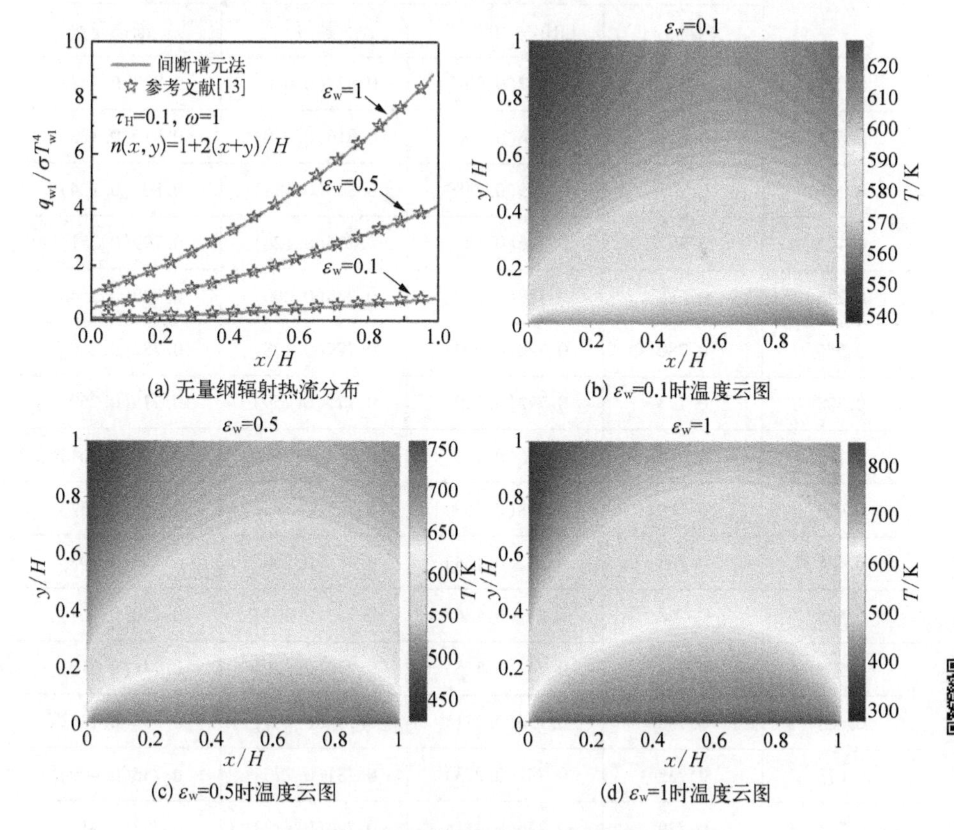

(a) 无量纲辐射热流分布　(b) ε_w=0.1时温度云图

(c) ε_w=0.5时温度云图　(d) ε_w=1时温度云图

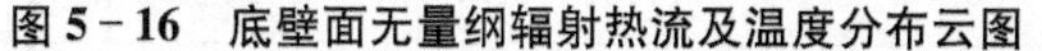
图 5-16　底壁面无量纲辐射热流及温度分布云图

振荡现象。其温度呈非对称分布,原因是介质非均匀折射率分布造成的。

本算例考虑非线性折射率分布 $n(x)=5\{1-0.4356[(x^2+y^2)/H^2]\}^{0.5}$ 对辐射传递的影响。底壁面温度为 $T_{w1}=1\,000$ K,其他壁面温度为 $T_{w2}=T_{w3}=T_{w4}=0$ K,壁面发射率为 $\varepsilon_w=0.5$,光学厚度为 $\tau_H=1$,无散射 $\omega=0$。取 $x/H=0.375$ 处沿着 y 轴无量纲温度分布和文献结果进行对比。如表 5-4 所示,其中,文献[12]采用蒙特卡罗方法,文献[14]是弯曲光线追踪结合伪光源叠加法进行求解,文献[15]也是基于蒙特卡罗法进行求解。所给出的误差为间断谱元法与文献[12]的蒙特卡罗求解结果对比,绝对误差的数量级在 10^{-3},与另外两个文献中的结果对比也吻合较好。

表 5-4 不同数值方法求解的无量纲温度结果对比(表中括号里的数值为各数值方法与文献[12]的相对误差值,%)

y/H	T/T_{w1}			
	文献[12]	LRIB-CRTP[14]	文献[15]	间断谱元法
0.025	0.827	0.827(0.000)	0.827(0.000)	0.829(0.242)
0.075	0.816	0.816(0.000)	0.816(0.000)	0.817(0.123)
0.125	0.807	0.805(0.248)	0.806(0.124)	0.808(0.124)
0.175	0.797	0.796(0.126)	0.796(0.126)	0.799(0.251)
0.225	0.788	0.788(0.000)	0.788(0.000)	0.790(0.254)
0.275	0.780	0.780(0.000)	0.779(0.128)	0.782(0.256)
0.325	0.773	0.772(0.129)	0.771(0.259)	0.775(0.259)
0.375	0.766	0.765(0.131)	0.764(0.261)	0.768(0.261)
0.425	0.760	0.758(0.263)	0.757(0.395)	0.761(0.132)
0.475	0.753	0.752(0.133)	0.751(0.266)	0.756(0.398)
0.525	0.748	0.747(0.134)	0.745(0.401)	0.750(0.267)
0.575	0.742	0.741(0.135)	0.740(0.270)	0.744(0.270)
0.625	0.738	0.736(0.271)	0.735(0.407)	0.739(0.136)
0.675	0.733	0.731(0.273)	0.731(0.273)	0.736(0.409)
0.725	0.729	0.726(0.411)	0.726(0.412)	0.732(0.412)

续 表

y/H	T/T_{w1}			
	文献[12]	LRIB - CRTP[14]	文献[15]	间断谱元法
0.775	0.725	0.723(0.276)	0.721(0.552)	0.728(0.414)
0.825	0.721	0.719(0.277)	0.716(0.694)	0.723(0.277)
0.875	0.717	0.714(0.418)	0.712(0.697)	0.718(0.140)
0.925	0.712	0.707(0.702)	0.707(0.702)	0.714(0.281)
0.975	0.707	0.700(0.990)	0.698(1.273)	0.708(0.141)

5.3.3 三维区域内非均匀介质的热辐射分析

在实际应用中,为了降低问题的复杂性,通常对模型进行简化、降低维度等处理工作,但大多数问题是不能进行简化计算的,所以考虑三维辐射换热问题更加贴合工程实际问题,也更准确。本小节将间断谱元法拓展到三维计算域内参与性介质辐射换热问题的求解。考虑图5-17所示的三维规则区域内存在吸收、发射及散射非均匀介质,给定不同物性参数进行计算,并分析其对辐射传递的影响,得出相关结论。

在进行非均匀介质的辐射传递方程求解之前,我们首先验证间断谱元法求解三维均匀介质内辐射传递问题的正确性。对比算例来自文献[16]。具体参数有:三维模型尺寸为 $H_x = H_y = H_z = H = 1$ m,光学厚度 $\tau_H = 1$,纯散射介质 $\omega = 1$,各向同性散射,底壁面发射功率为定值 $(\sigma T_{w1}^4/\pi = 1)$,其他壁面为冷壁面,壁面发射率 $\varepsilon_w = 1$。

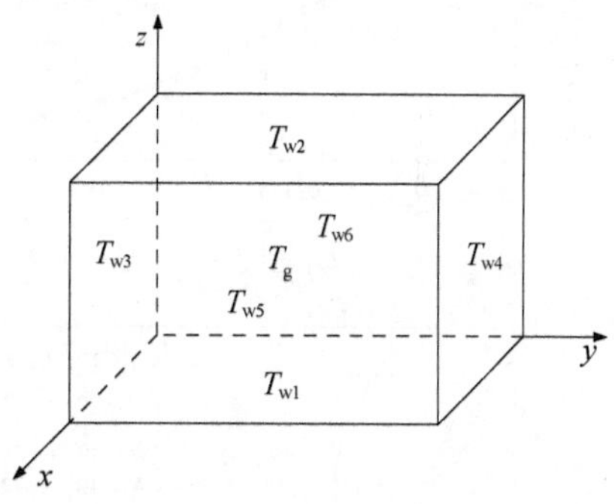

图5-17 三维模型图

首先进行网格无关性验证工作,包含空间三个方向上划分网格数量 N_x、N_y、N_z,划分一个六面体网格内采用的插值节点数目 N_{ex}、N_{ey}、N_{ez},方位角 N_φ 和极角 N_θ 的选择。可以看到辐射强度 $I(x, y, z, \varphi, \theta)$ 具有五个变量,因此求解三维辐射问题并不简单,需要消耗大量计算机资源。而采用 Upwind DGSEM 能够逐个单元进行问题求解,缩减矩阵大小,进而缩减计算时间。网格无关性验证具体网格组合有：① 一个立方体单元内插值节点数目取 $N_{ex}=N_{ey}=N_{ez}=3$ 个，空间每个方向 $N_x=N_y=N_z$ 单元取 2 个、4 个、6 个和 8 个，角度方向 $N_\varphi=36$、$N_\theta=18$；② 一个立方体单元内插值节点数目 $N_{ex}=N_{ey}=N_{ez}$ 取 2 个、3 个、4 个及 5 个，空间每个方向取 $N_x=N_y=N_z=6$ 个单元，角度方向 $N_\varphi=36$、$N_\theta=18$；③ 一个立方体单元内插值节点数目为 $N_{ex}=N_{ey}=N_{ez}=3$，空间每个方向取 $N_x=N_y=N_z=6$ 个单元，角度方向分别取 $N_\varphi=12$、$N_\theta=6$，$N_\varphi=20$、$N_\theta=10$，$N_\varphi=36$、$N_\theta=18$ 及 $N_\varphi=40$、$N_\theta=20$ 等组合。图中给出在底壁面中心位置处（$0.5H_x$，$0.5H_y$）沿着 z 轴的投入辐射分布曲线。

图 5 - 18 给出所考虑空间及角向网格数对投入辐射的影响及与文献[16]所采用的积分方程法对比结果。关于空间单元数对求解性能的影响，从图 5 - 18(a) 中观察到当 $N_x=N_y=N_z=2$ 时其并无振荡，只是求解节点较少没有捕捉到更多信息，随着单元数目的增加则趋于定值。在图 5 - 18(b) 中考察了插值

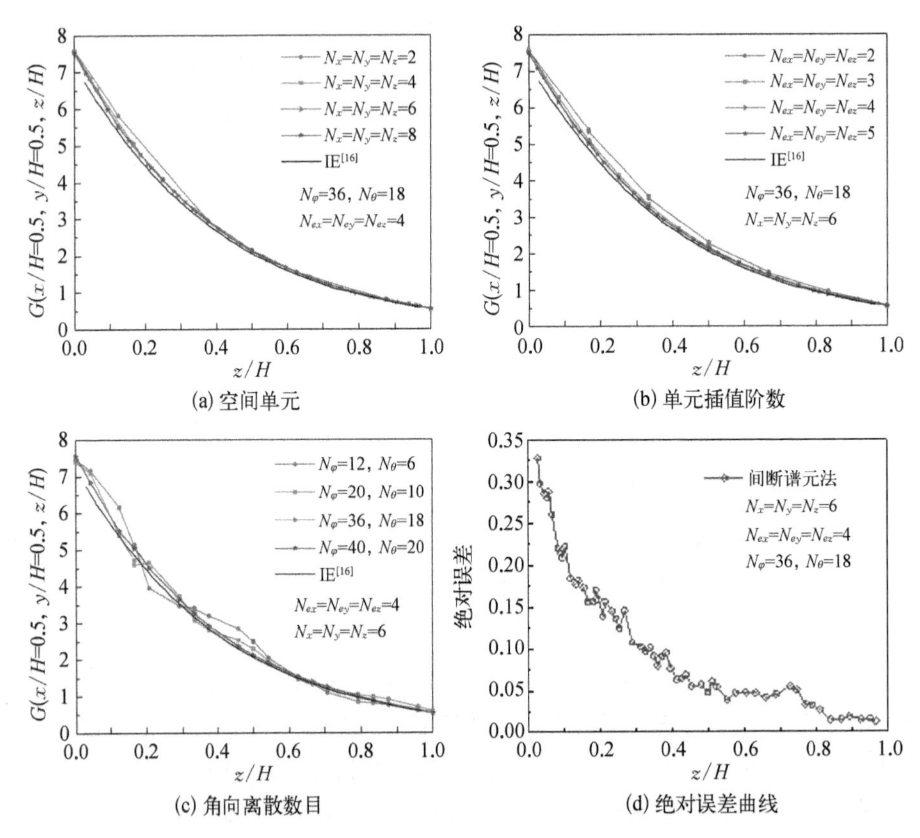

图 5 - 18　不同空间及角向网格数对底壁面中心位置处沿 z 轴的投入辐射 G 的影响

节点数目对结果的影响，同样在 $N_{ex}=N_{ey}=N_{ez}=2$ 个时投入辐射与文献相差较大，增加到4个节点时已经和高阶结果吻合。最后，我们在图5-18(c)中对比角向离散数目对投入辐射的影响，角度离散数目为 $N_\varphi=12$、$N_\theta=6$ 组合时，明显出现大的振荡，而后增加离散数目则抑制住振荡现象。通过综合分析离散单元及方向数来看，角向离散数目对结果好坏与否起较大作用。因此角向采用 $N_\varphi=36$ 及 $N_\theta=18$ 离散组合，空间单元采用 $N_x=N_y=N_z=6$ 个单元，插值多项式节点数目取 $N_{ex}=N_{ey}=N_{ez}=4$。图5-18(d)所示为积分方程法的结果与此网格下的结果在各个点上的绝对误差，并进一步计算了其积分平均相对误差大小为3.23%。不作特殊说明则使用此网格组合用于下文三维算例的计算。

接下来考虑三维非均匀介质内辐射平衡问题，三维模型尺寸为 $H_x=H_y=H_z=H=1$ m，底壁面温度 $T_{w1}=1\ 000$ K，其他壁面温度为500 K，壁面发射率 $\varepsilon_w=1$，线性介质折射率分布 $n(x,y,z)=1+2(x+y+z)/H$，散射反照率 $\omega=1$，各向同性散射，介质光学厚度 $\tau_H=1$。图5-19给出无量纲投入辐射 $G_z/\sigma T_{ref}^4$ 及辐射热流密度 $q_z/\sigma T_{ref}^4$ 沿 z 轴分布曲线。其中，为了对比非均匀折射率介质对辐射传递的影响，与均匀折射率介质内辐射传递作对比，同时也起到验证所写求解器的适用性作用。由于是辐射平衡问题，在考虑均匀折射率介质辐射传递问题时，其 $x/H=y/H=0.333$ 与 $x/H=y/H=0.667$ 点处沿 z 轴的 $G_z/\sigma T_{ref}^4$ 及 $q_z/\sigma T_{ref}^4$ 应该相等。正如图5-19所示，其投入辐射及辐射热流密度分布曲线在对称位置发生了重叠现象。关于非均匀折射率介质对辐射传递

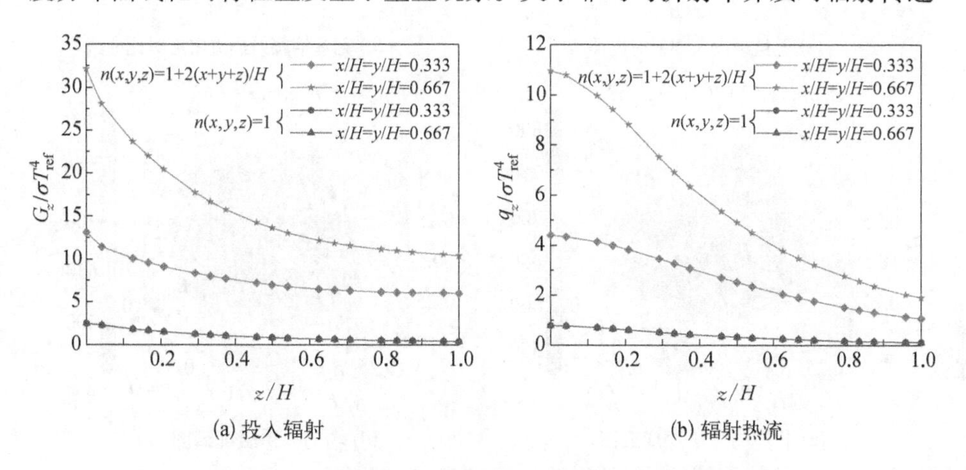

(a) 投入辐射　　(b) 辐射热流

图5-19　无量纲投入辐射及辐射热流沿 z 轴分布曲线

的影响，在图 5－19 中明显观察到相比较非均匀折射率介质下的 $G_z/\sigma T_{\mathrm{ref}}^4$ 及 $q_z/\sigma T_{\mathrm{ref}}^4$ 数值相比均匀折射率介质明显偏大，且对称点的分布曲线也并不存在对称现象。这说明三维区域内充满非均匀折射率介质对辐射传递的影响远大于均匀折射率介质内辐射传递。

然后考虑三维辐射传递的非平衡问题，三维模型尺寸为 $H_x = H_y = H_z = H = 1\ \mathrm{m}$，参与性介质温度保持不变 $T_{\mathrm{g}} = 1\,000\ \mathrm{K}$，壁面温度为 0 K，壁面发射率 $\varepsilon_{\mathrm{w}} = 1$，介质光学厚度 $\tau_{\mathrm{H}} = 1$，纯吸收介质，不考虑散射。为了对比非均匀介质对辐射传递的影响，现给出均匀和非均匀两种折射率分布，其中非均匀介质的折射率类型为线性分布 $n(x, y, z) = 1 + 2(x + y + z)/H$，均匀折射率 $n(x, y, z) = 1$。图 5－20(a)和(b)给出两种折射率分布的底壁面中心点处沿着 z 轴分布的无量纲投入辐射及辐射热流密度对比图。由于非均匀折射率的存在，热射线弯曲传播，导致其无量纲投入辐射明显呈不对称性且远大于均匀折射率介

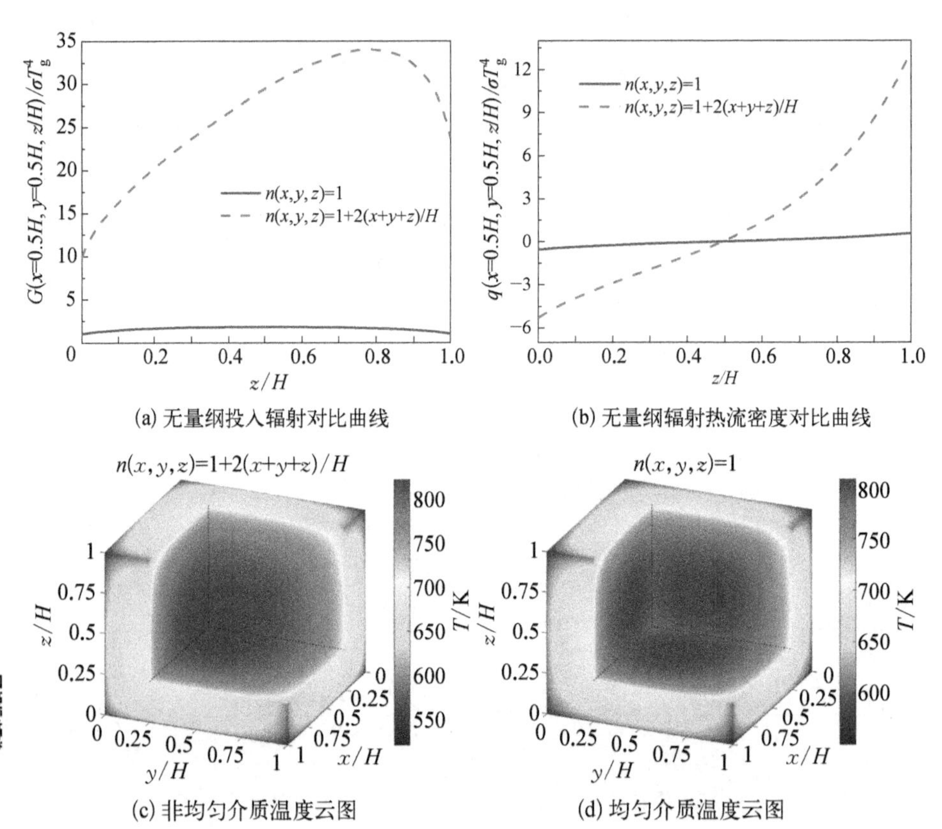

(a) 无量纲投入辐射对比曲线　　(b) 无量纲辐射热流密度对比曲线

(c) 非均匀介质温度云图　　(d) 均匀介质温度云图

图 5－20　均匀介质及非均匀介质

质,同时无量纲辐射热流也出现相同现象。为了说明介质的非均匀性对温度场的影响,给出图5-20(c)和(d)所示的温度云图。本算例所考虑的是非辐射平衡问题,温度分布是以立方体中心向四周扩散情况,如图5-20(c)所示,而正是介质折射率的存在,温度场则出现偏移分布。

本章将间断谱元法应用到直角坐标系下的非均匀介质内辐射换热问题。首先给出了辐射传递方程的离散及格式的施加过程,以及以二维问题为例给出该方法扫描求解过程。解析解的引入用于检验该方法的可行性以及测试求解精度。接着进行一维到三维的算例验证工作和参数对结果的影响及相关分析。综合本章内容,有以下结论。

(1) 应用间断谱元法求解辐射传递问题具有逐单元计算特点,其能够缩短计算机CPU运行时间,减少计算机资源消耗。

(2) 关于一维非均匀介质内辐射换热问题:不同类型的折射率分布对辐射传递起关键作用,会改变诸如温度及辐射热流分布曲线的走势。在同一折射率分布情况下,给出不同壁面发射率所得到的温度分布曲线存在一个交点现象,通过观察交点处的辐射强度分布发现其是对称关系造成交点现象。散射相函数对温度分布的影响不容忽视。

(3) 关于二维非均匀介质内辐射换热问题:通过对比均匀介质和非均匀介质,发现折射率分布对无量纲辐射热流影响较大,造成温度场的不均匀分布规律。

(4) 关于三维非均匀介质内辐射换热问题:首先与积分方程法所求三维辐射传递结果进行对比验证工作,证明了间断谱元法计算三维辐射传递问题的可行性。通过两个算例分析对比均匀介质和非均匀介质对辐射传递的影响。结果表明:求解辐射传递问题时,非均匀介质相比均匀介质其辐射热流及投入辐射会大幅提高,且呈不对称性分布。

参考文献

[1] KARNIADAKIS G E, SHERWIN S J. Spectral/hp element methods for CFD[M]. New York: Oxford University Press, 1999.

[2] CANUTO C, HUSSAINI M Y, QUARTERONI A, et al. Spectral methods in fluid dynamics[M]. Berlin: Springer, 1988.

[3] DEVILLE M O, FISCHER P F, MUND E H. High-Order methods for incompressible fluid flow[M]. Cambridge: Cambridge University Press, 2002.

[4] SHERWIN S J, KARNIADAKIS G E. A triangular spectral element method; applications to the incompressible Navier-Stokes equations [J]. Computer methods in applied mechanics and engineering. 1995, 123(1): 189 - 229.

[5] HENDERSON R D, KARNIADAKIS G E. Unstructured spectral element methods for simulation of turbulent flows[J]. Journal of Computational Physics. 1995, 122: 191 - 217.

[6] HESTHAVEN J S, WARBURTON T. Nodal high-order methods on unstructured grids: I. Time-Domain Solution of Maxwell's equations[J]. Journal of Computational Physics. 2002, 181(1): 186 - 221.

[7] ZHAO J M, LIU L H. Discontinuous spectral element method for solving radiative heat transfer in multidimensional semitransparent media [J]. Journal of Quantitative Spectroscopy and Radiative Transfer, 2007, 107(1): 1 - 16.

[8] LIU L H. Finite volume method for radiation heat transfer in graded index medium[J]. Journal of Thermophysics and Heat Transfer, 2006, 20(1): 59 - 66.

[9] LEMONNIER D, DEZ V L. Discrete ordinates solution of radiative transfer across a slab with variable refractive index[J]. Journal of Quantitative Spectroscopy and Radiative Transfer, 2002, 73(2 - 5): 195 - 204.

[10] HUANG Y, XIA X L, TAN H P. Temperature field of radiative equilibrium in a semitransparent slab with a linear refractive index and gray walls [J]. Journal of Quantitative Spectroscopy and Radiative Transfer, 2002, 74(2): 249 - 261.

[11] TAN H P, HUANG Y, XIA X L. Solution of radiative heat transfer in a semitransparent slab with an arbitrary refractive index distribution and diffuse gray boundaries [J]. International Journal of Heat and Mass Transfer, 2003, 46(11): 2005 - 2014.

[12] LIU L H. Benchmark numerical solutions for radiative heat transfer in two-dimensional medium with graded index distribution[J]. Journal of Quantitative Spectroscopy and Radiative Transfer, 2006, 102(2): 293 - 303.

[13] LIU L H. Meshless method for radiation heat transfer in graded index medium[J]. International Journal of Heat and Mass Transfer, 2006, 49(1 - 2): 219 - 229.

[14] HUANG Y, ZHU K Y, WANG J. Temperature field of radiative equilibrium in a two-dimensional graded index medium with gray boundaries[J]. Journal of Quantitative Spectroscopy and Radiative Transfer, 2009, 110(12): 1013 - 1026.

[15] 乔心全. 二维变折射率介质辐射传热及表观发射特性研究[D]. 哈尔滨：哈尔滨工业大学,2011.

[16] TAN Z M, HSU P F. Transient radiative transfer in three-dimensional homogeneous and non-homogeneous participating media[J]. Journal of Quantitative Spectroscopy and Radiative Transfer, 2002, 73(2 - 5): 181 - 194.

主要符号表

符　号	代表意义	单　位
$\boldsymbol{A}, \boldsymbol{B}, \boldsymbol{C}$	系数矩阵	
A	表面积	m^2
a_1	线性各向异性程度	
$\hat{a}$	展开系数	
$\boldsymbol{D}$	微分矩阵	
$\boldsymbol{E}$	单位矩阵	
$\boldsymbol{e}$	方向向量	
$\boldsymbol{f}$	向量	
$\hat{f}$	加权系数	
G	投入辐射	W/m^2
h	插值基函数	
I	辐射强度	$W/(m^2 \cdot sr)$
J_w	表面有效辐射	W/m^2
L_k	Legendre 多项式	
$\boldsymbol{n}$	单位法向量	
N	节点数	
r, Ψ, z	圆柱坐标系变量	
q	辐射热流量	W/m^2
R	半径	m

续 表

符 号	代表意义	单 位
$\hat{R}$	余量	
S	源函数	
$\hat{s}$	距离	m
$\hat{\mathbf{s}}$	空间位置	
$\bar{s}$	重心距原点距离	m
T	温度	K
T_k	Chebyshev 多项式	
u, v	任意函数	
V	体积	m^3
w	积分权	
$\dot{w}$	权函数	
$\tilde{w}$	谱空间上的积分权	
x, y, z	直角坐标系变量	
$\bar{x}$, $\bar{y}$, $\bar{z}$	重心坐标	m
Z	高度	m
希腊字母		
α	谱空间变量	
α_KT	经 Kosloff－Tal－Ezer 变换的谱空间变量	
β	衰减系数	m^{-1}
$\hat{\gamma}_w$	表面透射率	
δ_{ij}	Kronecker 函数	
ε_w	壁面发射率	
θ	极角	rad
κ_a	吸收系数	m^{-1}
κ_s	散射系数	m^{-1}

续 表

符 号	代表意义	单 位
$\boldsymbol{\Lambda}$	特征值对应的对角矩阵	
μ, η, ξ	方向余弦	
$\hat{\rho}_{w}$	表面反射率	
σ	Stefan - Boltzmann 常量	$W/(m^2 \cdot K^4)$
τ	光学厚度	
Φ	散射相函数	
ϕ	基函数	
φ	周向角	rad
$\boldsymbol{\Omega}$	辐射传播方向	
Ω	立体角	sr
ω	散射反照率	
上标		
d	直接	
s	散射	
下标		
b	黑体	
benchmark	基准解	
cl	中心线	
err	误差	
w	壁面	
λ	波长	
缩略语		
Bi - CGStab	稳定双共轭梯度法	
CCS - DOM	Chebyshev 配置点谱-离散坐标法	

续 表

符　号	代表意义	单　位
CCSM	Chebyshev 配置点谱方法	
CG	Chebyshev Gauss	
CGL	Chebyshev Gauss - Lobatto	
CGR	Chebyshev Gauss - Radau	
CQF	Chebyshev 积分公式	
CSM	配置点谱方法	
DOM	离散坐标法	
FEM	有限元法	
FFT	快速 Fourier 变换	
FVM	有限体积法	
GMRES	广义最小残差法	
MGCQF	改进的 Gauss - Chebyshev 积分公式	
RTE	辐射传递方程	
SI	源迭代	
TQF	梯形积分公式	

附录 A
方程(4－8)中系数矩阵 A 的元素表达式

方程(4－8)中系数矩阵 $\boldsymbol{A}$ 的元素表达式的伪代码如下所示,其中符号“&&”和“‖”分别代表逻辑“与”和“或”。

```
if μ^{m,n} ≤ 0 && i = 0, then
if j ≠ i, then
        A_st = 0
else if j = i, then
        if m' = m && n' = n, then
            A_st = 1
        else if (m' ≠ m || n' ≠ n) && μ^{m',n'} > 0, then
            A_st = -π(1-ε_w)/2 μ^{m',n'} sinθ^{n'} w̃_θ^{n'} w̃_φ^{m'}
        else if (m' ≠ m || n' ≠ n) && μ^{m',n'} ≤ 0, then
            A_st = 0
        end
end
else if μ^{m,n} > 0 || (μ^{m,n} ≤ 0 && i ≠ 0), then
if j ≠ i, then
        if m' = m && n' = n, then
            A_st = (2 μ^{m,n} / τ_w) D^{CGR}_{α_τ, ij}
        else if m' ≠ m || n' ≠ n, then
```

```
                A_st = 0
        end
else if j = i, then
        if m' = m && n' = n, then
```

$$A_{st}=\frac{2\mu^{m,n}}{\tau_w}D^{CGR}_{\alpha_\tau,ij}-\frac{2\eta^{m,n}}{\pi\tau_i}D^{CG}_{\alpha_\varphi,mm'}+1-\frac{\omega\pi}{8}(1+a_1\mu^{m',n'}\mu^{m,n})\sin\theta^{n'}\tilde{w}_\theta^{n'}\tilde{w}_\varphi^{m'}$$

```
        else if m' ≠ m && n' = n, then
```

$$A_{st}=-\frac{2\eta^{m,n}}{\pi\tau_i}D^{CG}_{\alpha_\varphi,mm'}-\frac{\omega\pi}{8}(1+a_1\mu^{m',n'}\mu^{m,n})\sin\theta^{n'}\tilde{w}_\theta^{n'}\tilde{w}_\varphi^{m'}$$

```
        else if n' ≠ n, then
```

$$A_{st}=-\frac{\omega\pi}{8}(1+a_1\mu^{m',n'}\mu^{m,n})\sin\theta^{n'}\tilde{w}_\theta^{n'}\tilde{w}_\varphi^{m'}$$

```
        end
end
end
```

附录 B

方程(4－51)中系数矩阵 *A* 的元素表达式

方程(4－51)中系数矩阵 **A** 的元素表达式的伪代码如下所示。

if $i=0\&\&m\geqslant(N_{\varphi}+1)/2$, *then*

if $j\neq i$, *then*

if $m'=m$, *then*

$$A_{st}=\frac{\cos\varphi^{m}}{\tau_{w}}D^{\mathrm{CGL}}_{\alpha_{\tau},ij}$$

else if $m'=N_{\varphi}-m$, *then*

$$A_{st}=\frac{\cos\varphi^{m}}{\tau_{w}}D^{\mathrm{CGL}}_{\alpha_{\tau},i(2N_{\tau}+1-j)}$$

else if $m'\neq m\&\&m'\neq N_{\varphi}-m$, *then*

$$A_{st}=0$$

end

else if $j=i$, *then*

if $m'=m$, *then*

$$A_{st}=\frac{\cos\varphi^{m}}{\tau_{w}}D^{\mathrm{CGL}}_{\alpha_{\tau},ij}-\frac{2\sin\varphi^{m}}{\Pi\tau_{i}}D^{\mathrm{CG}}_{\alpha_{\varphi},mm'}$$

else if $m'\neq m\&\&m'\geqslant(N_{\varphi}+1)/2$, *then*

$$A_{st}=-\frac{2\sin\varphi^{m}}{\Pi\tau_{i}}D^{\mathrm{CG}}_{\alpha_{\varphi},mm'}$$

end

end

else if $i \neq 0$, then

if $j \neq i \&\& j \neq 0$, then

if $m' = m$, then

$$A_{st} = \frac{\cos\varphi^m}{\tau_w} D^{CGL}_{\alpha_\tau,\ ij}$$

else if $m' = N_\varphi - m$, then

$$A_{st} = \frac{\cos\varphi^m}{\tau_w} D^{CGL}_{\alpha_\tau,\ i(2N_\tau+1-j)}$$

else if $m' \neq m \&\& m' \neq N_\varphi - m$, then

$$A_{st} = 0$$

end

else if $j = i$, then

if $m' = m$, then

$$A_{st} = \frac{\cos\varphi^m}{\tau_w} D^{CGL}_{\alpha_\tau,\ ij} - \frac{2\sin\varphi^m}{\pi\tau_i} D^{CG}_{\alpha_\varphi,\ mm'}$$

else if $m' = N_\varphi - m$, then

$$A_{st} = \frac{\cos\varphi^m}{\tau_w} D^{CGL}_{\alpha_\tau,\ i(2N_\tau+1-j)} - \frac{2\sin\varphi^m}{\pi\tau_i} D^{CG}_{\alpha_\varphi,\ mm'}$$

else if $m' \neq m \&\& m' \neq N_\varphi - m$, then

$$A_{st} = -\frac{2\sin\varphi^m}{\pi\tau_i} D^{CG}_{\alpha_\varphi,\ mm'}$$

end

else if $j = 0$, then

if $m' = m \&\& m \geqslant (N_\varphi + 1)/2$, then

$$A_{st} = \frac{\cos\varphi^m}{\tau_w} D^{CGL}_{\alpha_\tau,\ ij}$$

else if $m' = N_\varphi - m \&\& m \leqslant (N_\varphi - 1)/2$, then

$$A_{st} = \frac{\cos\varphi^m}{\tau_w} D^{CGL}_{\alpha_\tau,\ i(2N_\tau+1-j)}$$

else if $m' \neq m \&\& m' \neq N_\varphi - m \&\& m' \geqslant (N_\varphi + 1)/2$, then

$$A_{st} = 0$$

```
        end
end
end
```